TOPOGRAFIA
Prof.: Paulo Mota

Graduado em Geologia e Mestre em Geociências pela Universidade Federal do Amazonas (UFAM). Possui trabalhos científicos realizados em petrografia, sedimentologia, geoquímica e geomorfologia fluvial. Experiência profissional em prospecção mineral, geotecnia e perfilagem de poços de petróleo. Como professor, ministrou aulas de geologia geral, geologia econômica, geologia do petróleo, mecânica dos solos, topografia e geoprocessamento.

Endereços eletrônicos
http://lattes.cnpq.br/8973631750212233
https://br.linkedin.com/in/paulo-mota-88a24aba
pmota.geologia@gmail.com

Dados Internacionais de Catalogação na Publicação (CIP)
(Câmara Brasileira do Livro, SP, Brasil)

Mota, Paulo
Topografia [livro eletrônico] : curso básico / Paulo Mota. -- Manaus, AM : Ed. do Autor, 2023.
PDF

Bibliografia.
ISBN 978-65-00-75713-2

1. Cartografia 2. Geologia 3. Topografia
I. Título.

23-165685 CDD-551

Índices para catálogo sistemático:

1. Geologia 551

Tábata Alves da Silva - Bibliotecária - CRB-8/9253

Sumário

1 - INTRODUÇÃO

1.1. DEFINIÇÃO E APLICAÇÕES

A topografia é um termo proveniente das expressões gregas *topos* (lugar) e *graphia* (escrita), significando a descrição de determinado lugar. Sendo, portanto, uma ciência que tem a finalidade de descrever os aspectos e características da superfície terrestre. Bastante utilizada para auxiliar trabalhos de engenharia civil, mineração, geoprocessamento, mapeamentos geológicos, projetos de urbanização entre outras atividades correlatas. Imprescindível para os trabalhos preliminares em qualquer tipo de obra ou projetos de construção civil, urbanismo, planejamento para lavras de minério, construções de estradas, pontes, represas, determinação do padrão de drenagens, escoamento superficial da água da chuva e localização de nascentes com mapas de curvas de nível, entre outros exemplos.

Com relação a sustentabilidade, o estudo topográfico e cálculos de volumes, permitem a criação de projetos urbanos e arquitetônicos mais elaborados com menores trabalhos de movimentações de solo e melhor aproveitamento do relevo natural. Reduzindo os impactos e criando ambientes mais saudáveis. Algo obtido através da combinação da engenharia civil com a arquitetura e urbanismo. Outra aplicação importante dos estudos topográficos é a determinação das áreas sujeitas a alagamento e escorregamento, definidas com áreas de risco e delimitadas como impróprias para habitação em planejamento urbano.

Além destes exemplos também podemos citar a aplicação em escala global como a determinação do relevo terrestre e de outros planetas através de uso de levantamentos por satélites de sensoriamento remoto, combinando os conhecimentos de topografia com a Geodésia. Esta última, uma ciência que estuda as dimensões da Terra com suas formas naturais levando em consideração o nível médio dos mares e a variação do campo gravitacional. Ciência que, através do uso do sistema de posicionamento por satélites e sensoriamento remoto, desenvolveu os sistemas globais geodésicos de referência atuais como o WGS84 e o SIRGAS.

Esta combinação de conhecimentos e técnicas aplicadas para a determinação da topografia de uma área com os Sistemas Geodésico de Referência dá origem aos modelos digitais de terreno (MDT), os quais, combinados com as imagens de satélites ou fotogrametria por drones auxiliam nos trabalhos de geoprocessamento.

Assim, o objetivo principal deste trabalho é proporcionar ao estudante a capacidade de conhecer, através de técnicas e equipamentos, os fundamentos que evolvem os levantamentos topográficos. Alcançando conhecimentos necessários e essenciais para levantamentos de áreas, altimetria, produção de mapas de curvas de nível, hipsométricos, cálculos de volumes em terraplenagem, etc.

1.2. TEORIA DOS ERROS

A representação da superfície do terreno em um plano é realizada através de diversas medidas de direções, posicionamentos, distâncias e altitudes. Entretanto, estas medidas estarão afetadas por diversos parâmetros como condições ambientais, erros instrumentais e erros pessoais.

As condições ambientais como vento, chuva, neve, variação de temperatura, entre outras, podem afetar as medidas em campo. Como, por exemplo, a variação do comprimento de uma trena a partir do aumento da temperatura no clima local durante as medidas de campo.

Os erros instrumentais podem ocorrer por defeitos presentes nos equipamentos que afetam as medidas. Onde os trabalhos de calibração e ajustes finos podem diminuir estas imperfeições.

Enquanto, erros pessoais, são aqueles ligados a falhas humanas geralmente influenciados por falta de atenção ou cansaço como, por exemplo, os erros de catenária, falta de horizontalidade e desvio lateral da trena ou falta de verticalidade da baliza topográfica (figuras 1.2.1 e 1.2.2). Anotações erradas e enganos de contagem de lances em medidas com trenas também são exemplos de erros pessoais.

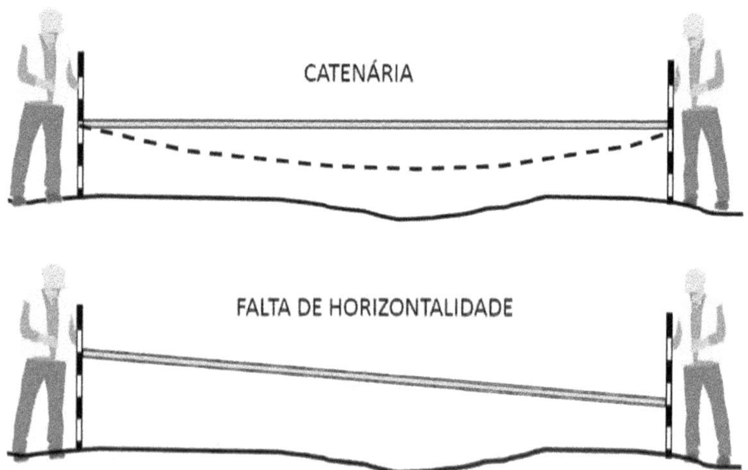

Figura 1.2.1. Erros comuns em medidas de campo com trena.

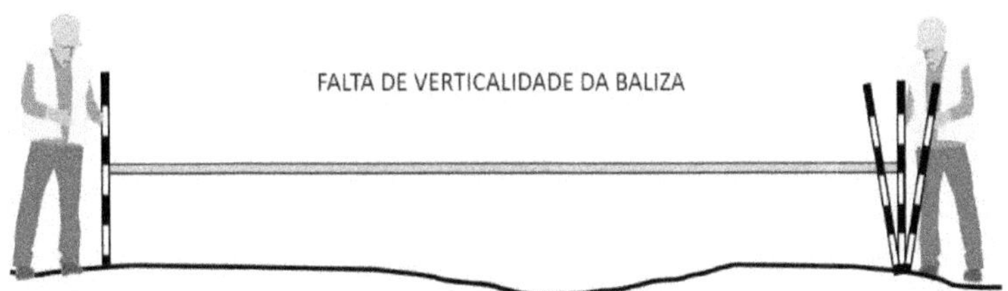

Figura 1.2.2. Erros de verticalização da baliza topográfica.

O erro ocorrido por catenária ocorre pelo próprio peso da trena quando a tensão horizontal não é suficiente para mantê-la reta. Causando um erro que provoca o aumento da distância real medida. Dentre os equipamentos atuais utilizados que evitam estes erros existe a trena a laser. Um equipamento que emite sinais a laser que refletem no objeto, retornam e têm sua distância medida automaticamente.

1.3. DISTÂNCIAS, ÂNGULOS E TRIGONOMETRIA

As medidas de distâncias, assim como outras formas de medir parâmetros físicos, seguem padrões estabelecidos para facilitar a comunicação das informações registradas. No brasil, a unidade utilizada para registro de distancias é o metro (m), enquanto outros países podem utilizar outras unidades como léguas, jardas, pés, milhas etc. Entretanto, dependendo da distância medida a unidade métrica pode ser expressa de diferentes maneiras. Como é o caso da distância entre cidades que são expressas em quilômetros, ou o comprimento de um tijolo expresso em centímetros ou milímetros. Estas diferentes expressões muitas vezes requerem mudanças das unidades para realização de cálculos matemáticos, assim a relação entre as unidades métricas é apresentada como segue:

Quilômetro (km), 1 km = 1000m.
Hectômetro (hm), 1 hm = 100m.
Decâmetro (dam), 1 dam = 10m.
Decímetro (dm), 1 dm = 0,1m.
Centímetro (cm), 1cm = 0,01m.
Milímetro (mm), 1 mm = 0,001m.

Exemplo 1.3.1. A altura em relação ao solo de um teodolito posicionado no tripé é de 1,57 m, qual seria esta altura em mm?
Resposta: como a relação de metro para milímetro é de 1 m = 1000 mm, faz-se a conversão a partir de 1,57 m = 1,57 x 1000 mm. Assim a altura mede 1570 mm.

Exemplo 1.3.2. De acordo com o problema na questão anterior, exemplo 1.3.1, qual seria a altura do teodolito em relação ao solo em cm?
Resposta: 1 m = 100 cm, então 1,57 m = 1,57 x 100 cm. Assim, a altura em cm é igual a 157 cm.

Ângulos são grandezas matemáticas originadas entre duas retas que possuem ponto de intersecção, o vértice do ângulo. Suas unidades de medidas são graus (º), minutos (') e segundos ("), onde:
1º = 60'
1' = 60"

1" = (1/60)'

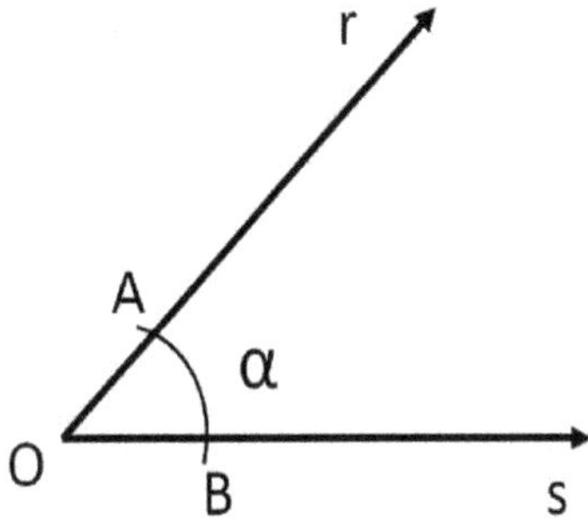

Figura 1.3.1. Ângulo alfa formado pelas retas *r* e *s*.

Possuem diversas denominações de acordo com suas medidas como:
Ângulo reto: igual a 90º.
Ângulo agudo: menor que 90º.
Ângulo raso: igual a 180º.
Ângulo obtuso: maior que 90º e menor que 180º.

Em diversos casos ocorre a necessidade de realizar operações matemáticas com os ângulos como transformá-los em suas formas decimais para melhor apresentação em cartas topográficas. Entre outras operações como subtração, adição, divisão e multiplicação.

Exemplo 1.3.3. Transforme os ângulos em sua forma decimal.

a) 20º32'64" =
b) 10º42'46" =
c) 210º32'4" =
d) 110º27'14" =
e) 0º32'4" =

Respostas:

a) 20º32'64" = 20,5511
b) 10º42'46" = 10,7127
c) 210º32'4" = 210,5344
d) 110º27'14" = 110,4538
e) 0º32'4" = 0,5344

Exemplo 1.3.4. Qual a soma dos ângulos apresentados abaixo?

a) 59°09'45" + 39°35'36" =

Resposta: 98°45'21"

Exemplo 1.3.5. Realize as operações matemáticas com os ângulos abaixo:

a) 59°09'45" - 39°35'36" =
b) 59°09'45" x 2 =
c) 260°30'50" / 2 =

Respostas:

a) 59°09'45" - 39°35'36" = 19°34'09"
b) 59°09'45" x 2 = 118°19'30"
c) 260°30'50" / 2 = 130°15'25"

1.3.1 Ângulos internos e externos de uma polígonal

Os ângulos formados pelas retas que definem uma poligonal podem ser calculados através de suas relações geométricas. Pois suas somas podem ser calculadas de acordo com as expressões:

$Si = 180^o.(n-2)$

Onde, Si = soma dos ângulos internos.
n = número de lados do polígono.

$Se = 180^o.(n+2)$

Se = soma dos ângulos externos.
n = número de lados do polígono.

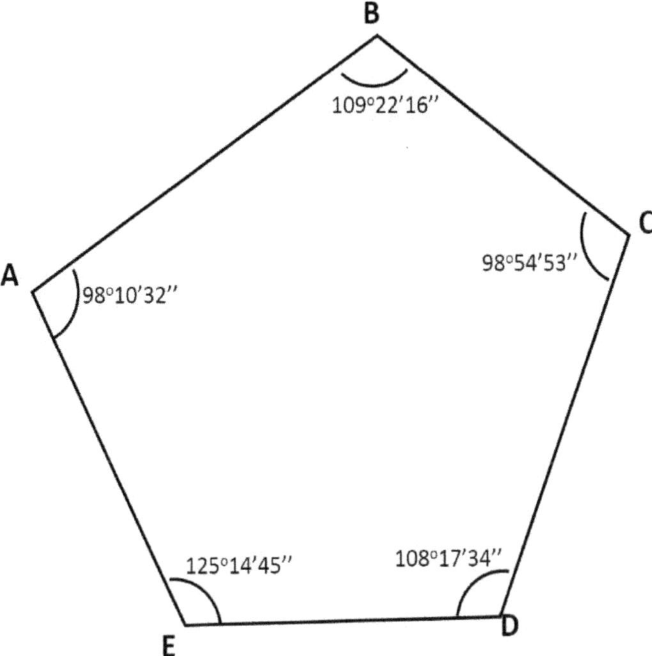

Figura 1.3.1.1. Ângulos internos de um polígono de cinco lados.

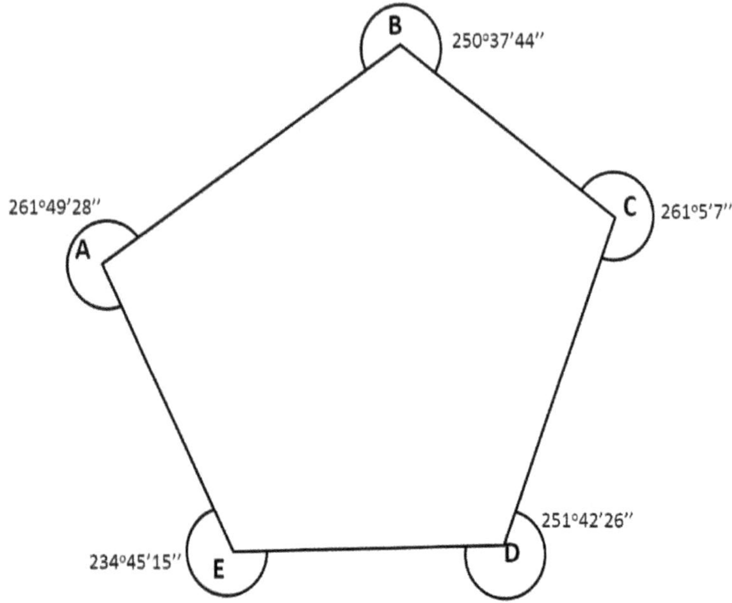

Figura 1.3.1.2. Ângulos externos de um polígono de cinco lados.

Exemplo 1.3.1.1. Calcule a soma dos ângulos internos do polígono na figura 1.3.2.

Resposta:
Si = 180 x (n-2) = 180 x (5 – 2) = 540°

Exemplo 1.3.1.2. Calcule a soma dos ângulos externos do polígono na figura 1.3.3.

Resposta:
Se = 180 x (n+2) = 180 x (5 + 2) = 1260°

Em um levantamento topográfico de caminhamento ou de poligonais com uso de teodolito, estação total ou nível ótico é comum o uso de ângulos externos ou internos associados a cálculos de distâncias para a medidas de perímetros, áreas ou levantamentos altimétricos. Os ângulos nestes levantamentos são obtidos, por exemplo, com o direcionamento do equipamento para uma visada de Ré, registro das medidas e mudança da direção do equipamento para uma visada Vante. A Ré representa a visada de um ponto atrás da estação em sentido contrário a direção do caminhamento. Enquanto a Vante representa uma visada em direção ao caminhamento a ser realizado. Os ângulos obtidos, internos e externos, podem ser utilizados para calcular e corrigir os erros angulares e os azimutes de cada ponto.

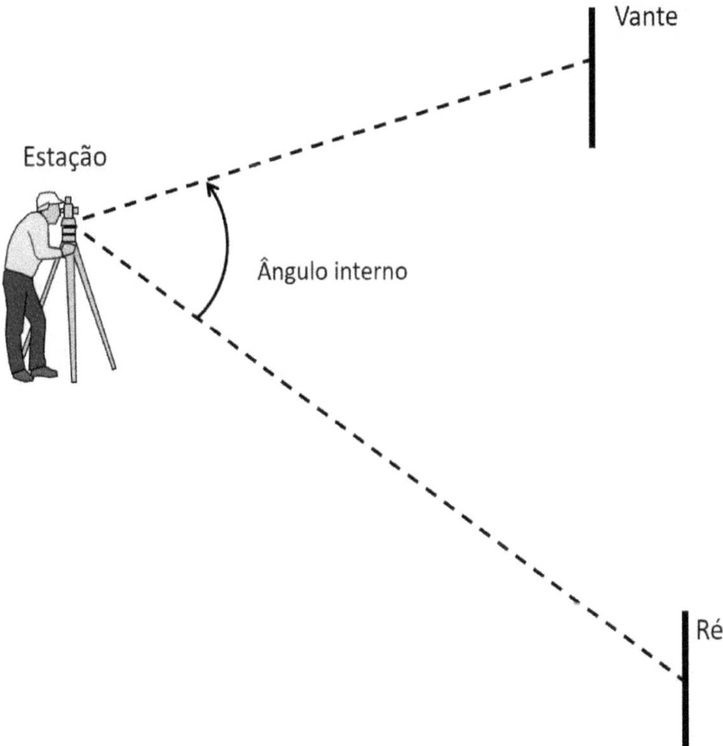

Figura 1.3.1.3. Ângulo interno em um levantamento topográfico.

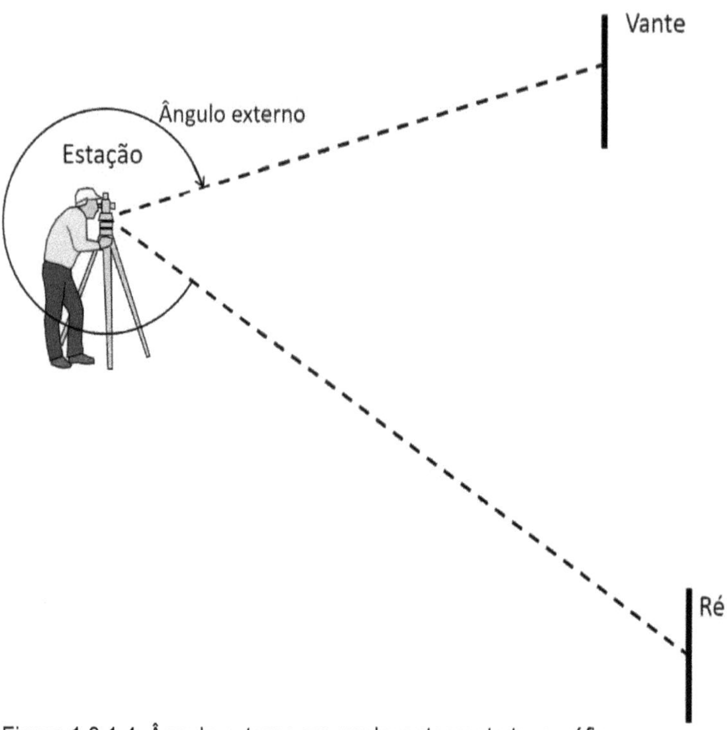

Figura 1.3.1.4. Ângulo externo em um levantamento topográfico.

.

1.3.2. Ângulo de deflexão

Ângulo horizontal formado pelo prolongamento da linha entre dois pontos e o alinhamento do próximo ponto da poligonal, medindo um total de 180º. Este ângulo pode ser medido com crescimento para direita (Dd) ou para esquerda (De) como mostra a figura a seguir. Onde uma relação importante entre eles é a soma total de todos, a qual é igual a 360º, considerando os ângulos com crescimento para a esquerda com sinal negativo.

$\sum Dd - \sum De = 360^{\circ}$

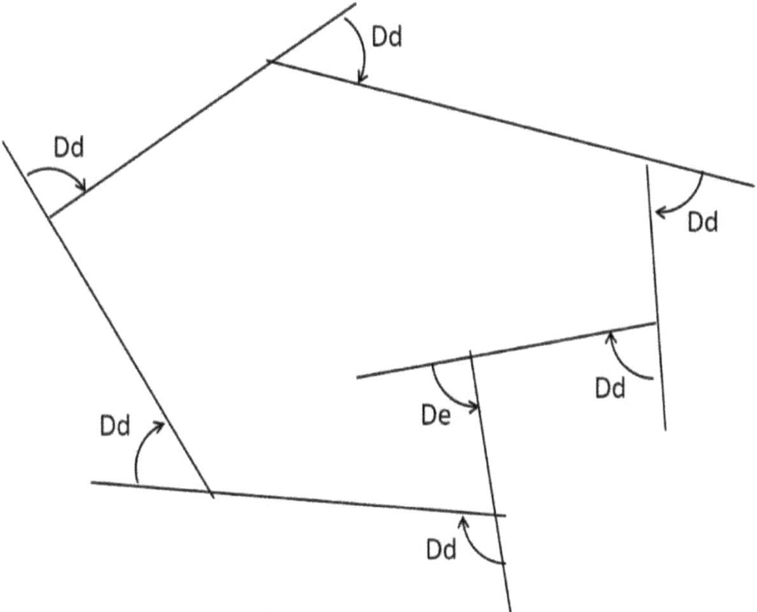

Figura 1.3.2.1. Ângulos de deflexão de uma poligonal.

1.3.3. Trigonometria

A trigonometria, uma das mais antigas áreas da matemática, é utilizada amplamente pela topografia, principalmente nos cálculos de distâncias e áreas.

Os cálculos após trabalhos de campo utilizam em grande parte as propriedades trigonométricas extraídas do triângulo retângulo e uso da Lei dos Senos e Lei dos Cossenos de um triângulo qualquer.

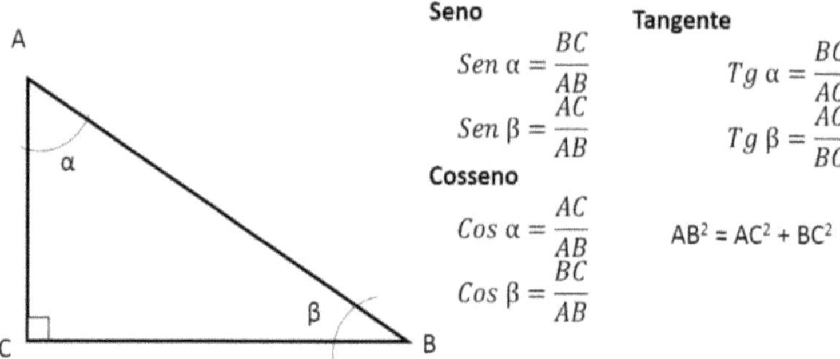

Figura 1.3.3.1. Relações trigonométricas do triângulo retângulo.

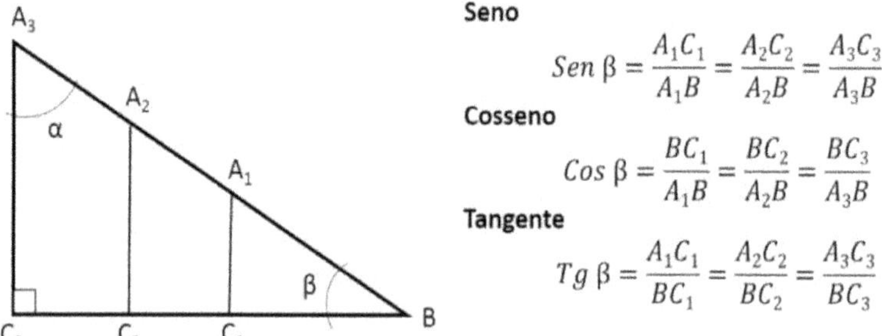

Figura 1.3.3.2. Semelhança de triângulos.

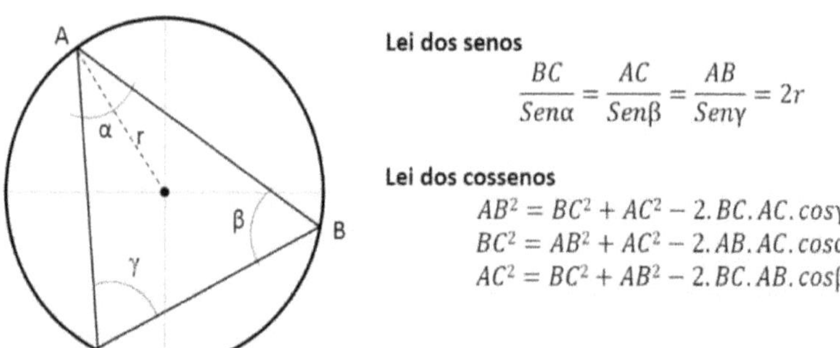

Figura 1.3.3.3. Relações trigonométricas de um triângulo qualquer.

$\alpha + \beta + \gamma = 180^{\circ}$

Exemplo 1.3.3.1. Calcule as distâncias dos seguimentos AC e AD de acordo com as informações apresentadas no levantamento da figura abaixo.

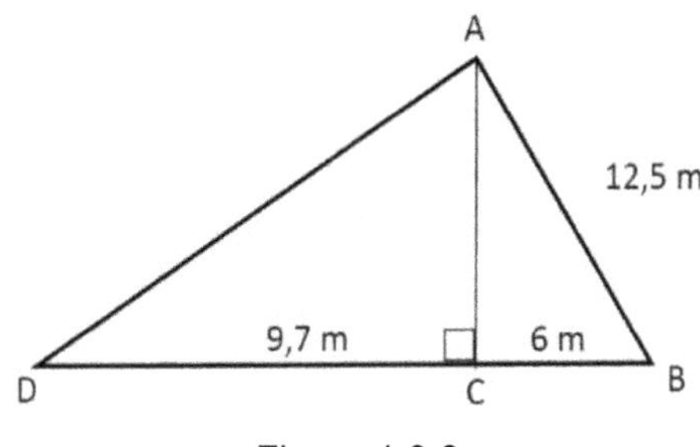

Figura 1.3.8.

Resolução:

a) Utilizando o triângulo ABC encontramos o segmento AC através da expressão:

$AB^2 = BC^2 + AC^2$

Assim, substituindo os valores apresentados, temos:

$12,52 = 62 + AC2$

$AC^2 = 12,5^2 - 6^2$

$AC^2 = 120,25$

$AC = \sqrt{120,25}$

$AC = 10,96$ m

b) Em seguida através do triângulo ACD, temos:

$AD^2 = AC^2 + CD^2$

$AD^2 = 10,96^2 + 9,7^2$

$AD = 14,63$ m

Exemplo 1.3.3.2. Calcule o perímetro do polígono apresentado abaixo:

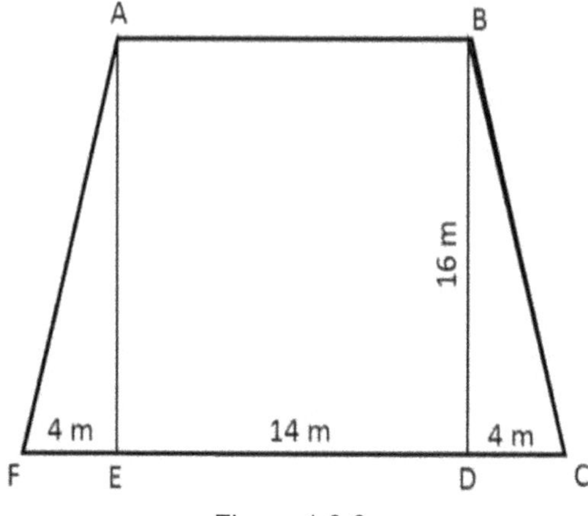

Figura 1.3.8.

Resolução:
Utilizando o Teorema de Pitágoras no triângulo AEF, temos:
$AF^2 = 4^2 + 16^2$
$AF = \sqrt{272}$
AF = 16,49 m
Assim, o perímetro será:
Perímetro = 4 + 14 + 4 + 16,49 + 14 + 16,49 = 68,98 m

Exemplo 1.3.3.3. Após o levantamento de dois pontos de difícil acesso devido a um rio que atravessa a área, calcule a distância entre os pontos A e B.

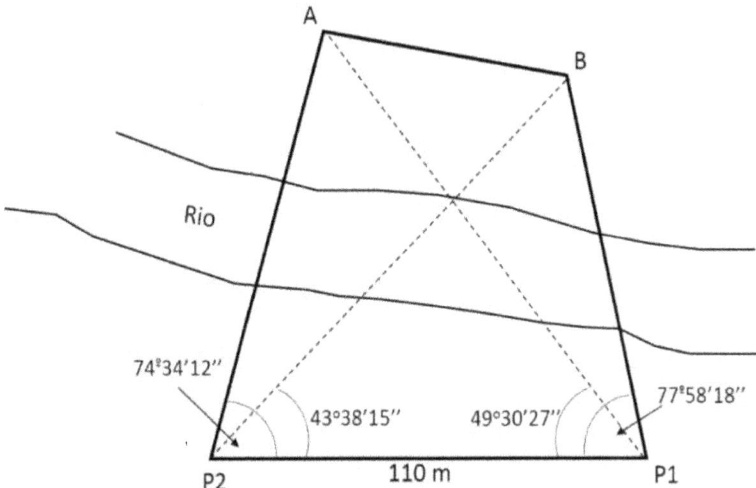

Figura 1.3.9. Poligonal para medidas de distâncias. Modificado de Tuler e Saraiva (2014).

Resolução: Modificando a identificação dos seguimentos dos ângulos para facilitar os cálculos, apresentado na figura 1.3.10., temos:

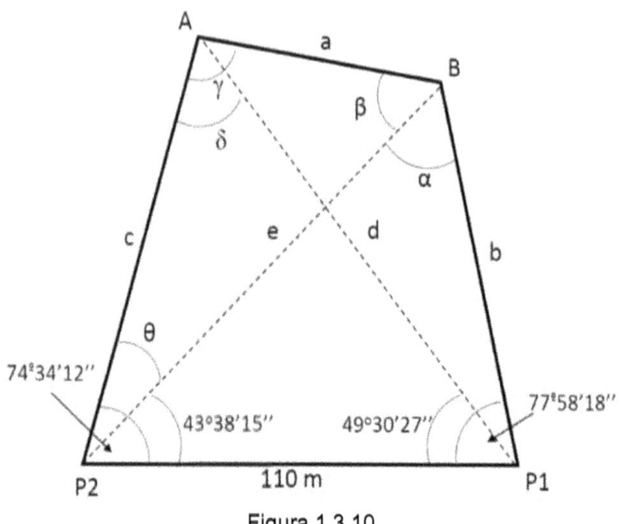

Figura 1.3.10.

Assim, utilizando a Lei dos senos para o triângulo BP1P2, podemos montar a equação:

$$\frac{e}{\sin 77^o58'18"} = \frac{b}{\sin 43^o38'15"} = \frac{110}{\sin \alpha}$$

Como a soma dos ângulos internos do triângulo é igual a 180°, o valor de alfa é:
α = 180° - 77°58'18'' - 43°38'15''
α = 58°23'27''

Então a equação da Lei dos senos é modificada substituindo o alfa:

$$\frac{e}{\sin 77^o58'18"} = \frac{b}{\sin 43^o38'15"} = \frac{110}{\sin 58^o23'27"}$$

E encontrando valor do lado *e*:

$$\frac{e}{\sin 77^o58'18"} = \frac{110}{\sin 58^o23'27"}$$

$$e = 126{,}32m$$

Em seguida utilizando o triângulo AP1P2:
Encontra-se o ângulo delta e o lado c através da lei dos senos:

ᵹ = 180° - 74°34'12" - 49°30'27"
ᵹ = 55°55'21"

$$\frac{c}{\sin 49^o30'27"} = \frac{d}{\sin 74^o34'12"} = \frac{110}{\sin 55^o55'21"}$$

$$\frac{c}{\sin 49^o30'27"} = \frac{110}{\sin 55^o55'21"}$$

$$c = 100{,}99m$$

Então, agora utilizando o triângulo ABP2 encontra-se o ângulo θ:

θ = 74°34'12" - 43°38'15" = 30°55'57"

Em seguida utilizando a Lei dos Cossenos para este último triângulo:
$a^2 = c^2 + e^2 - 2.c.e.\cos\theta$
$a^2 = 100{,}99^2 + 126{,}32^2 - [(2).(100{,}99).(126{,}32).(\cos 30°55'57")]$
a = 65,34 m

Assim, a distância entre os pontos A e B é:
AB = 65,34 m

1.3.4. Exercícios

1. Em um levantamento de campo foram anotadas em diversas unidades diferentes as medidas de distâncias. Com o objetivo de organizar as informações, faça a conversão de todas as unidades para metro.

Tabela 1.3.4.1. Medidas coletadas em levantamento no terreno.

Ordem	Medidas	Unidade	Medidas	Unidade
1 – 2	82	pés		metro
2 – 3	64	jardas		metro
3 – 4	1256	polegadas		metro
4 – 5	8300	mm		metro
5 – 6	1753	cm		metro
6 – 7	0,065	km		metro
7 – 8	9,3	dam		metro
8 – 9	0,78	hm		metro
9 – 10	28654	mm		metro
10 - 1	272	dm		metro

2. Realize a conversão das seguintes unidades:
a) 234,00 m para km
b) 0,45 km para m
c) 152,3 cm para m
d) 38,70 m para mm

1.3.3. Transforme os ângulos apresentados para sua forma decimal.
a) 3°15'32" =
b) 306°25'02" =
c) 33°25'02" =
d) 83°55'18" =
e) 230°44'32" =
f) 154°12'43" =
g) 180°15'48" =
h) 23°35'53" =

i) 42°41'09" =
j) 9°51'21" =

3. Transforme os ângulos apresentados para sua forma sexagesimal, em graus, minutos e segundos.

a) 3,259° =
b) 2,306° =
c) 4,33° =
d) 8,355° =
e) 4,230° =
f) 15,412° =
g) 18,015° =
h) 23,356° =
i) 42,09° =
j) 9,215° =

4. Realize a soma dos seguintes ângulos abaixo:

a) 59°09'45" + 39°35'36" =
b) 260°09'55" + 139°35'35" =
c) 00°02'50" + 02°20'00" =
d) 14°59'56" + 1°21'12" =
e) 16°20'30" + 12°21'12" =
f) 10°02'50" + 02°20'02" =
g) 359°02'50" + 02°20'02"=

5. Faça a subtração dos ângulos abaixo:

a) 59°09'45" - 39°35'36" =
b) 280°10'20" - 139°05'15" =
c) 280,1722° - 139,0875° =
d) 16°48'30" - 12°21'12"=
e) 10°02'50" - 02°20'02" =
f) 80°02'20" - 38°40'32" =
g) 359°02'50" - 02°20'02"=

6. Qual o resultado das multiplicações e divisões dos ângulos?

a) 59°09'45" x 2 =
b) 260°30'50" / 2 =
c) 16°48'30" x 2 =
d) 10°02'50" x 10 =

e) 16°48'30" / 2 =

7. Calcule a soma dos ângulos internos e externos dos polígonos descritos abaixo:
a) polígono de 6 lados
b) polígono de 8 lados
c) polígono de 10 lados
d) polígono de 16 lados
e) polígono de 12 lados

8. Os ângulos internos de um determinado polígono são 132º, 82º, 63º, 112º, 143º, 174º e X. Qual o valor do ângulo X?

9. Calcular a distância entre os pontos A e B.

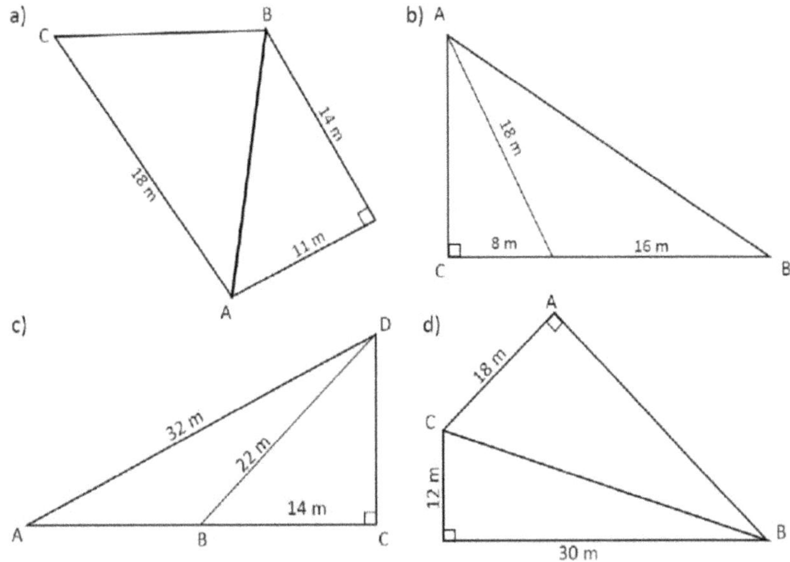

Figura 1.3.4.1.

10. Uma pessoa a 100 m de distância de um prédio precisa determinar a altura do imóvel. Qual seria este valor de acordo com os dados apresentados abaixo?

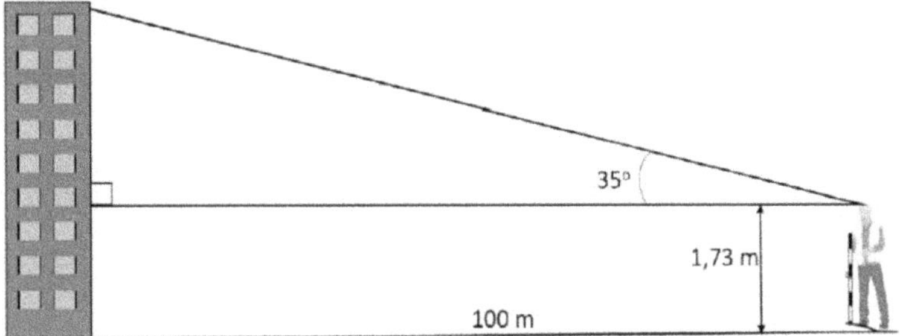

Figura 1.3.4.2.

11. Determine a distância entre os pontos A e B no triângulo abaixo.

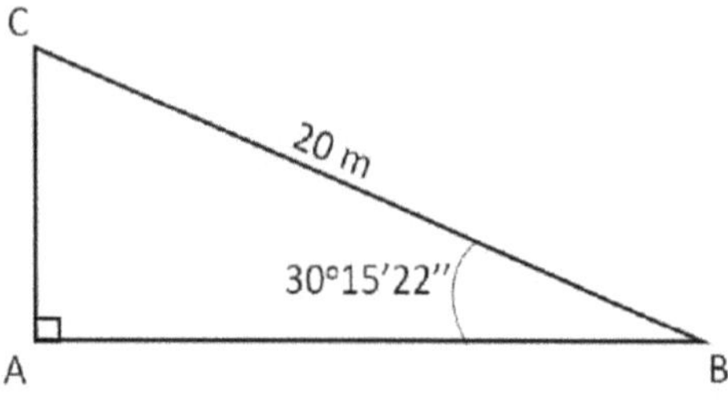

Figura 1.3.4.3.

12. Calcule a distância entre os pontos A e B e o valor do ângulo α.

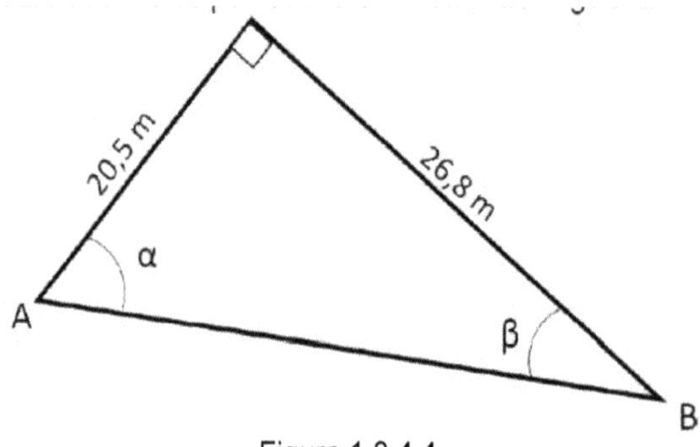

Figura 1.3.4.4.

13. Calcule a distância entre os pontos A e B no levantamento topográfico representado pela figura abaixo.

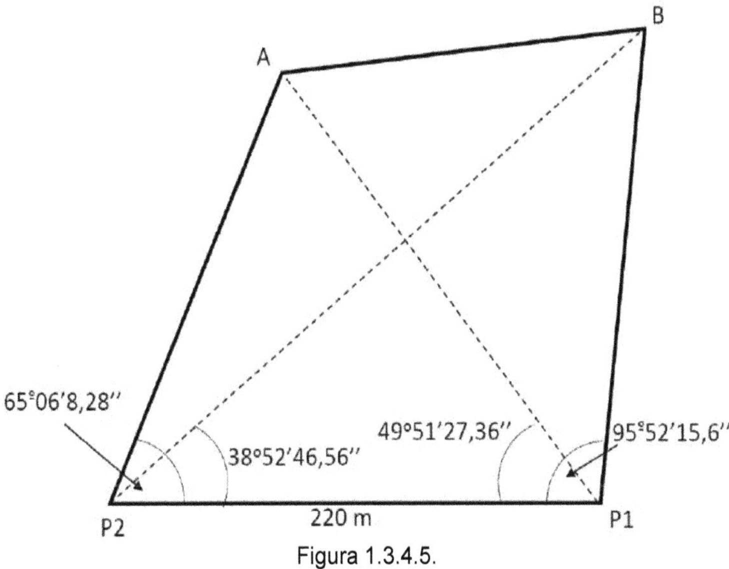

Figura 1.3.4.5.

1.4 EQUIPAMENTOS

1.4.1. Teodolito

Equipamentos desenvolvidos para medidas de distância são originários de diversas civilizações como babilônios, egípcios, chineses, gregos, romanos etc. Como é o caso da Groma, antigo equipamento inventado que permitia coletar com precisão as medidas em campo. Estes primeiros equipamentos foram evoluindo através da aquisição de novos acessórios até a origem do teodolito (figura 1.4.1.1.). Funcionando através de um sistema de eixos, círculos graduados ou limbos, luneta de visada e níveis, este instrumento permite a medida de ângulos verticais e horizontais, cálculos de distâncias inclinadas e horizontais (figura 1.4.1.2).

O sistema de eixos é formado por uma linha de visada (eixo ótico), eixo secundário para mover a visão da luneta no sentido vertical e o eixo vertical que permite a rotação no sentido horizontal. As medidas angulares horizontais e verticais são apresentadas nos limbos ou círculos graduados (figura 1.4.1.3). A luneta de visada, geralmente possui um poder de ampliação de 30 vezes. Possui níveis de bolhas esféricos ou tubulares para ajustes no tripé.

Os mais modernos, teodolitos eletrônicos, possuem níveis e sensores eletrônicos de inclinação que facilitam a leitura.

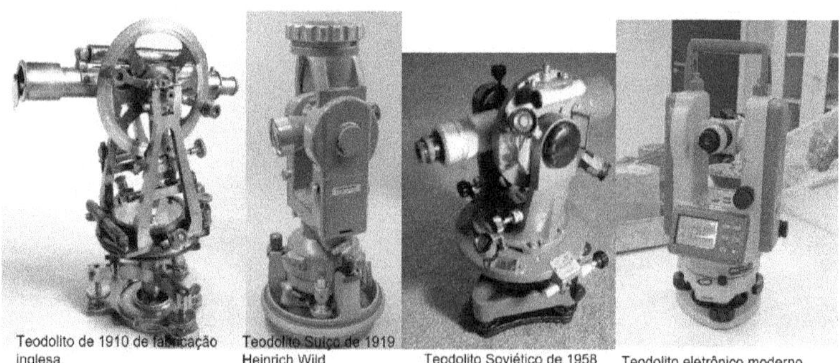

Figura 1.4.1.1. diferentes modelos de teodolitos.

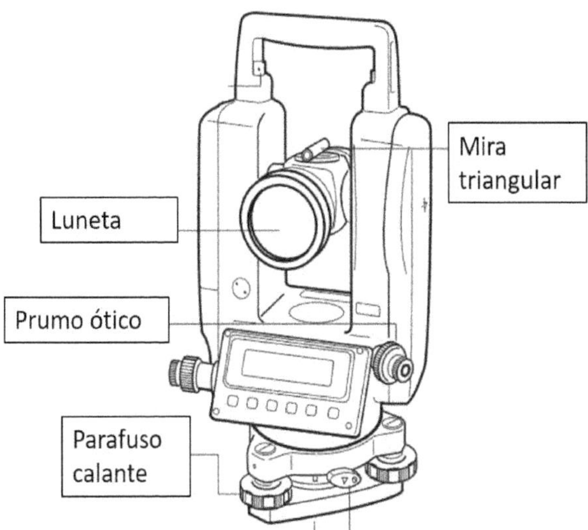

Figura 1.4.1.2. Componentes principais de um teodolito eletrônico. Modificado de PENTAX Industrial Instruments.

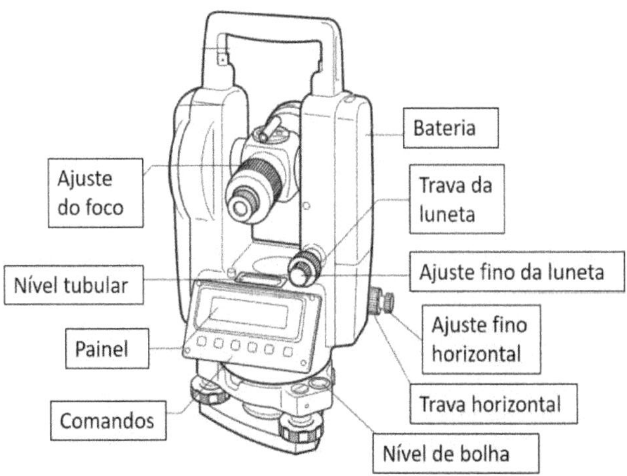

Figura 1.4.1.3. Componentes principais de um teodolito eletrônico. Modificado de PENTAX Industrial Instruments.

No campo este equipamento é devidamente nivelado e posicionado e o operador direciona a visada para os pontos onde o assistente sustenta a mira topográfica. Os dados são lidos e anotados em caderneta para trabalhos de cálculos em escritório.

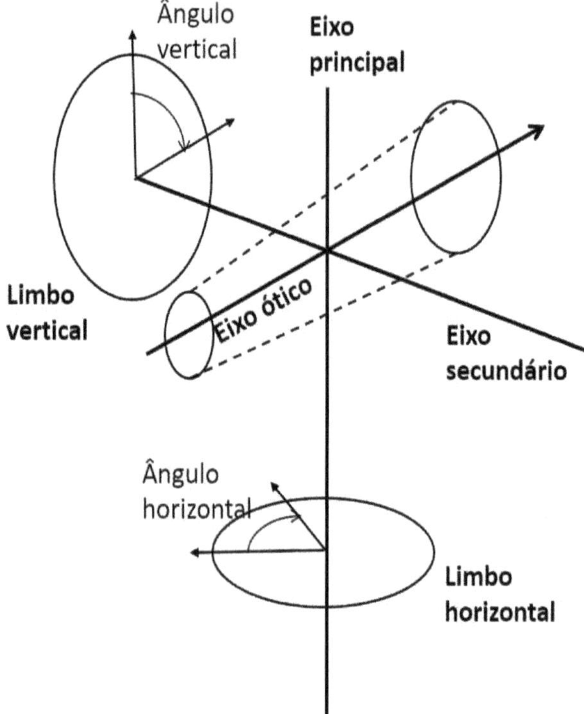

Figura 1.4.1.3. Sistemas operantes básicos em um teodolito.

A instalação do equipamento no campo é feita diretamente sobre o piquete cravado ao solo ou qualquer outro ponto topográfico. Montagem do tripé em uma altura adequada para o operador, posicionamento do teodolito diretamente sobre o ponto no solo com uso de prumo ótico. O teodolito deve ser ficar preso ao tripé com uso do parafuso de fixação localizado abaixo da base. Em seguida é feito o nivelamento com o nível circular rotacionando os parafusos calantes até a centralizar a bolha. A rotação é realizada em sincronia, para dentro ou para fora, nos dois parafusos ao lado do nível de bolha posicionado em frente ao operador. O ajuste final é feito rotacionando o terceiro parafuso. Em seguida o teodolito é girado 90º para a esquerda e realizado novo nivelamento se a bolha estiver fora do lugar. Ao final o equipamento deve girar 360º sem desvio da bolha, comprovando o ajuste total do nível circular.

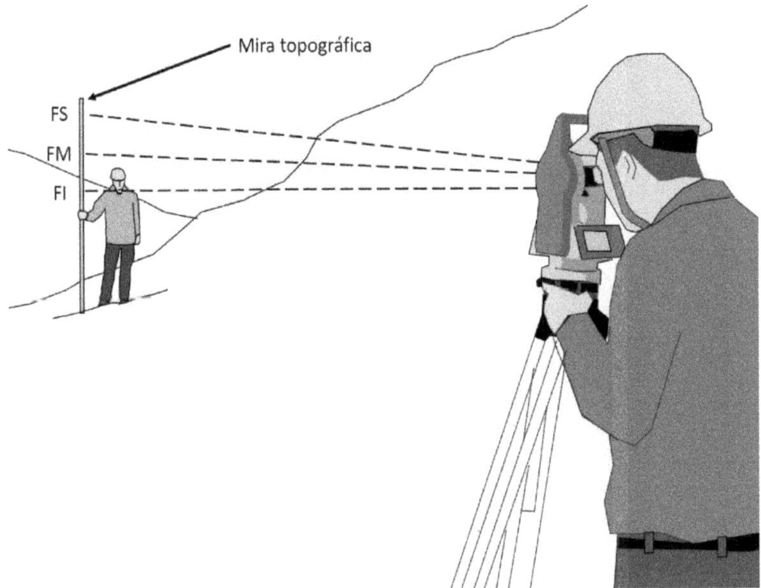

Figura 1.4.1.4. Medidas de campo com uso de teodolito.

O nível de bolha tubular localizado acima do painel é então centralizado com o movimentando lento de um dos parafusos calantes. Em seguida girar o equipamento 90º e ajustar a bolha novamente caso esteja fora do centro.

Após o nivelamento o equipamento deve ser reposicionado sobre o ponto, pois durante o ajuste dos níveis o teodolito pode sair da posição inicial. Entretanto este último posicionamento é feito destravando o parafuso que prende o teodolito ao tripé e movimentando-o lateralmente olhando o ponto abaixo através do prumo ótico.

Figura 1.4.1.5. Nível circular.

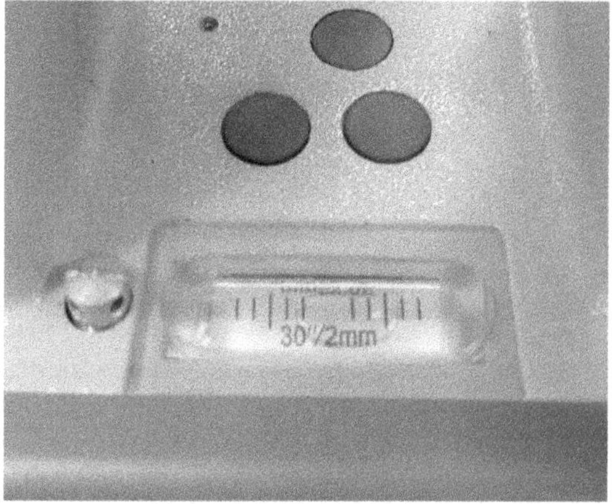

Figura 1.4.1.6. Nível tubular

Assim, o equipamento já pode ser utilizado, onde os ângulos verticais e horizontais podem ser lidos diretamente no painel. Este, apresentado na figura abaixo, possui o ângulo zenital (Vz) em forma de grau sexagesimal ou em porcentagem acionando a tecla V/%. O ângulo horizontal é modificado acionando a tecla R/L, onde H_R indica ângulo crescendo para direita e H_L ângulo horizontal com crescimento para a esquerda.

O ângulo horizontal pode ser zerado com a tecla 0SET permitindo a medida de ângulos externos ou internos entre dois pontos. Para isso é necessário direcionar o equipamento para um ponto de ré, travar a luneta e o movimento lateral. Zerar o ângulo horizontal (H_R), destravar e girar o equipamento para a direção do ponto de vante, travar e anotar o ângulo apresentado no painel.

O posicionamento da luneta em direção ao ponto visado deve ser feito olhando para a mira triangular, posicionando-a na direção aproximada. Travar o equipamento, olhar através da luneta e fazer o ajuste fino no botão externo da trava de movimento horizontal. A luneta também deve ser travada e o ajuste fino feito girando o botão externo da trava da luneta.

Uma vez que o equipamento foi devidamente posicionado na direção requerida, acionar a tecla HOLD que congela a imagem na tela para que as informações sejam anotadas.

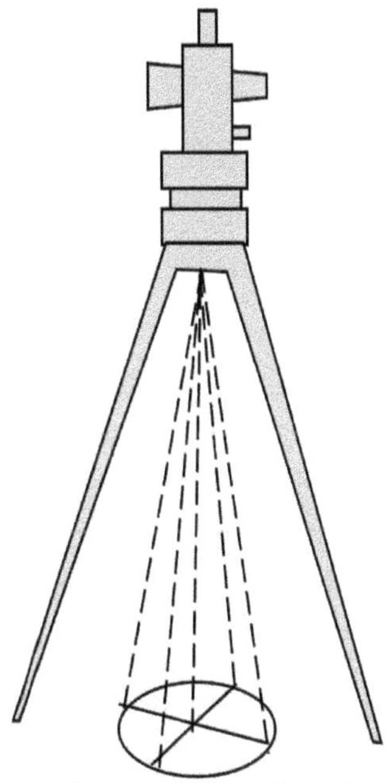

Figura 1.4.1.7. Posição do teodolito sobre o piquete.

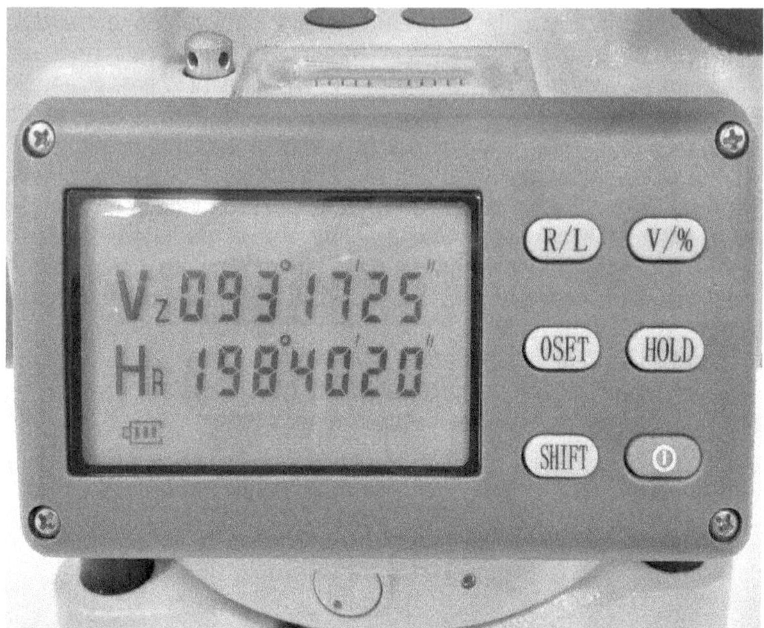

Figura 1.4.1.8. Painel do teodolito.

1.4.2. Estação Total

Este equipamento possibilita a medida de distâncias e ângulos com maior precisão de maneira automática, registra os dados em cartão de memória e realiza cálculos matemáticos em seu próprio sistema interno. Os dados gravados em cartão de memória podem ser removidos e transferidos para o computador no escritório substituindo, em grande parte, o uso da caderneta de campo, tornando o trabalho mais prático. É um equipamento que contém todos os recursos do teodolito eletrônico associado a um distanciômetro (*EDM - Electronic Distance Measurer*) e computador interno.

Para realizar as medidas com a Estação Total, após seu nivelamento adequado, esta é direcionada para os pontos onde o assistente posiciona verticalmente o bastão com o prisma. O trabalho de nivelamento do equipamento segue o mesmo procedimento apresentado para o teodolito.

O laser da estação deve tocar o prisma para fazer as medidas sem haver nenhum outro obstáculo na linha de visada. Os dados são apresentados na tela do equipamento permitindo a sua anotação ou registro eletrônico em arquivo digital no cartão de memória inserido na própria estação. O posicionamento adequado da estacao sobre o ponto no solo e da luneta em direção ao prisma é ajustado através dos botões de trava e ajuste fino.

As teclas acessórias possibilitam a digitação pelo operador para identificação dos pontos. O assistente muda de posição no campo e o equipamento é novamente redirecionado para o prisma e registrando os dados do próximo ponto. Repetindo o procedimento até o levantamento total do terreno.

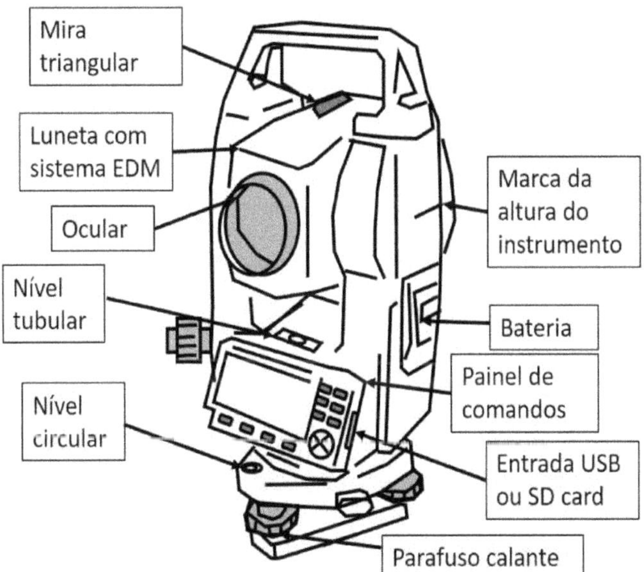

Figura 1.4.2.1. Partes principais de uma estação total.

Figura 1.4.2.2. Obtenção de medidas com Estação Total.

Atualmente tem surgido no mercado outros tipos de estações que funcionam cada vez mais sem auxílio de assistentes de campo, como é caso de estações que medem a distância sem a necessidade do prisma. Estações totais robóticas mais independentes e outras tecnologias como as estações de escaneamento (Laser Scanner) que mapeiam uma área através de milhões de pulsos de laser por segundo resultando em um produto tridimensional do local. Nestas, após o posicionamento do equipamento no local de interesse e ser acionado, é iniciado o giro da visada no sentido vertical lançando pulsos de laser automaticamente. Ao mesmo tempo a base do equipamento vai girando para que seja feita a cobertura de todo terreno dentro do campo de visão. Este processo de movimento do equipamento é feito sem interferência do operador, onde o aparelho segue as configurações adicionadas anteriormente. A nuvem de pontos captadas pelo equipamento forma a imagem que possui grande aproximação da realidade, coletada em um tempo menor de levantamento da área.

1.4.3. Real Time Kinematic (RTK)

O RTK, ou GPS Geodésico, é um equipamento que funciona a partir de sinais de satélites para posicionamento em tempo real e com precisões milimétricas. Utilizando um receptor com sistema GNSS (*Global Navigation Satellite System*). A partir de uma base com o receptor GNSS o sistema proporciona o conhecimento em tempo real de coordenadas precisas dos vértices levantados. Associado a um rádio transmissor a estação base determina com precisão a posição das estações móveis. Promovendo maior agilidade, qualidade, rapidez, precisão e posicionamento em tempo real. Permitindo também realizar cálculos em campo, através do software no equipamento, como cubagem de materiais como areia e brita ou medida de volumes de solos em obras de corte e aterro.

Figura 1.4.3.1. Levantamento de campo com uso de RTK. Fonte: https://www.topconpositioning.com

Figura 1.4.3.2. Detalhe da base e do receptor móvel. Fonte: Manual GNSS Kronos 200.

1.4.4. Drones

Outro equipamento atual que vem ganhando muito espaço na topografia são os drones ou vants. Estes, além da grande quantidade de pontos coletados em um curto espaço de tempo, obtém imagens de alta qualidade da área, enriquecendo muito mais os resultados. Seu funcionamento ocorre a partir de configuração dos sobrevoos na área de interesse e inserir o cartão de memória no seu software interno. O drone sobrevoa a área em uma altitude regular percorrendo todo trecho predeterminado realizando um escaneamento da superfície do terreno. Suas principais vantagens são: tempo reduzido, alcançar locais de difícil acesso, imagem tridimensional da área e menor custo em coberturas áreas.

O conjunto de imagens obtidas por fotogrametria é utilizada para produção de imagens digitais de relevo e imagem tridimensional do terreno. Facilitando o cálculo de volumes e outros projetos na área de estudo.

Figura 1.4.4.1. Drone em levantamento topográfico.

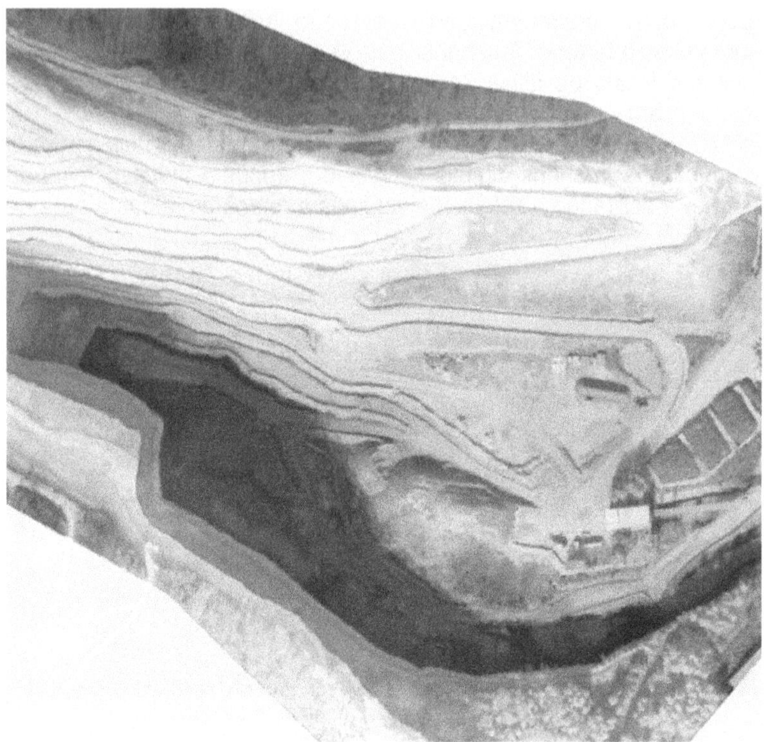

Figura 1.4.4.2. Imagem 3D após levantamento com fotogrametria por drone. Fonte: https://cloud.pix4d.com/dataset/

1.4.5. Nível Ótico

Também chamado de nível topográfico, é um instrumento de alta precisão para medir os desníveis do terreno. Sua utilização é bastante difundida em terraplanagem, lavouras, barragens, elaboração de perfis rodoviários e ferroviários, levantamento altimétrico, entre outros.

O nível, semelhante ao teodolito, possui montagem em tripé devidamente posicionado e nivelado sobre os pontos estabelecidos. Entretanto, seu mecanismo não permite a movimentação vertical da luneta, sendo fixa na linha horizontal, fazendo 90º com o eixo vertical. O eixo para movimento horizontal não é tão livre quanto no Teodolito e Estação Total, apresentando certa resistência para este movimento devido a mecânica usada para garantir a precisão necessária, pois seu objetivo principal é medir os desníveis do terreno.

Em trabalhos de nivelamento é utilizado principalmente no método conhecido como nivelamento geométrico em que os desníveis são calculados a partir de uma linha horizontal definido pelo eixo focal do equipamento. Utilizando os fios estadimétricos da luneta são calculados a distância horizontal (DH) e a diferença de nível do terreno (DN), assunto detalhado no capítulo sobre altimetria e nivelamento.

Figura 1.4.5.1. Nível ótico.

Figura 1.4.5.2. Levantamento com uso de nível ótico.

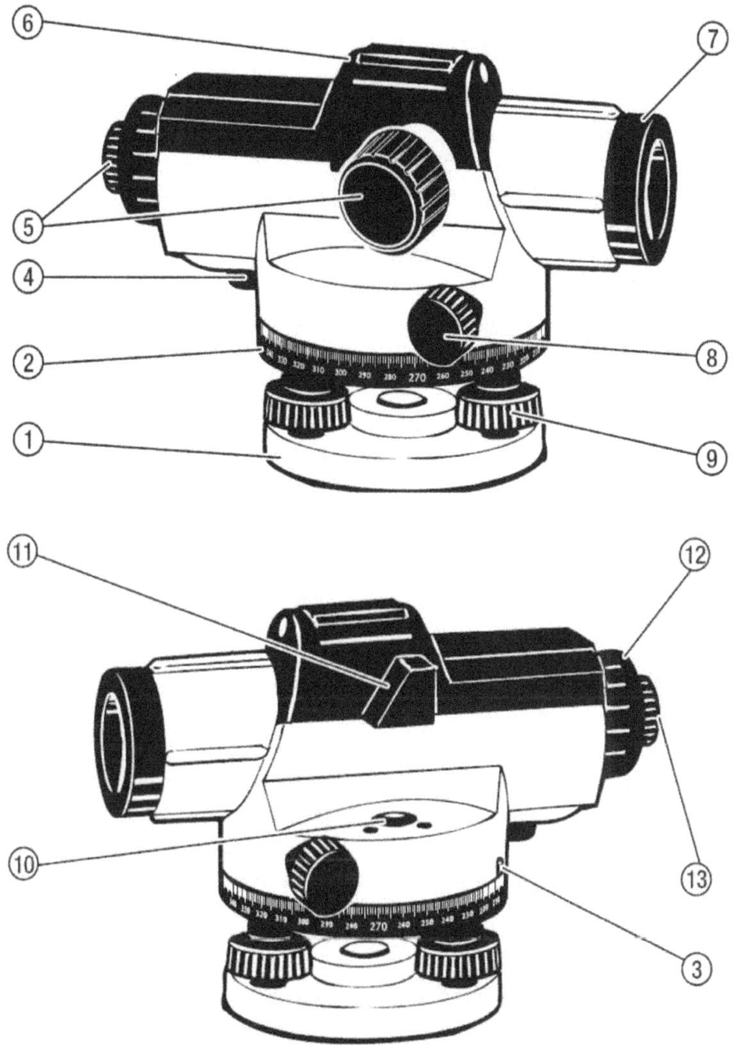

Figura 1.4.5.3. Detalhes do nível ótico. Fonte: www.boschtools.com.

Características do nível ótico apresentado na figura 1.4.5.3.:

1 – Base
2 – Limbo horizontal

3 – Marca de referência do limbo horizontal
4 – Trava do compensador
5 – Botões de foco
6 – Mira triangular
7 – Lentes objetivas
8 - Parafuso de ajuste horizontal
9 – Parafusos calantes
10 – Nível de bolha
11 - Prisma do nível de bolha
12 - Ajuste da ocular
13 – Botão de ajuste do foco para os fios estadimétricos

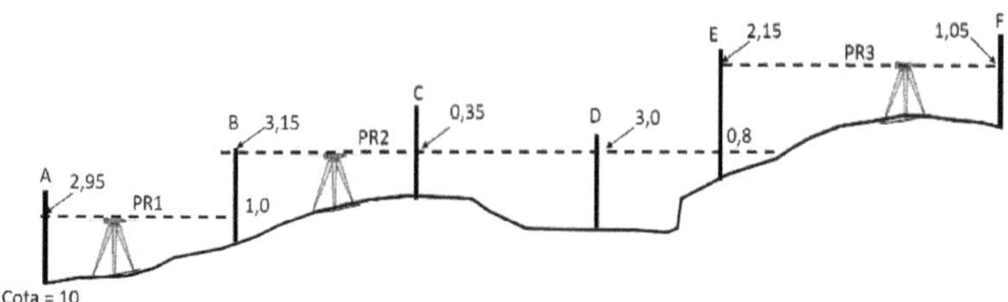

Figura 1.4.5.4. Uso do nível ótico para definição do perfil do terreno.

1.4.6. Trenas

Trenas usadas em topografia são fitas longas plásticas de 50 e 100 m estiradas entre os pontos medidos e recolhidas por giro manual de uma manivela (figura 1.4.6.1). Outros modelos são as trenas a laser que alcançam até 250 m, um equipamento mais preciso e prático que a fita. Entretanto, deve ser usado com cuidado para que o feixe de laser alcance o alvo medido, especialmente no campo em dia ensolarado, o que dificulta a visualização do laser no ponto a ser medido. Possuem precisão de 2 mm e software interno que permite cálculos de áreas e medidas de alturas por triangulação das distâncias (figura 1.4.6.2).

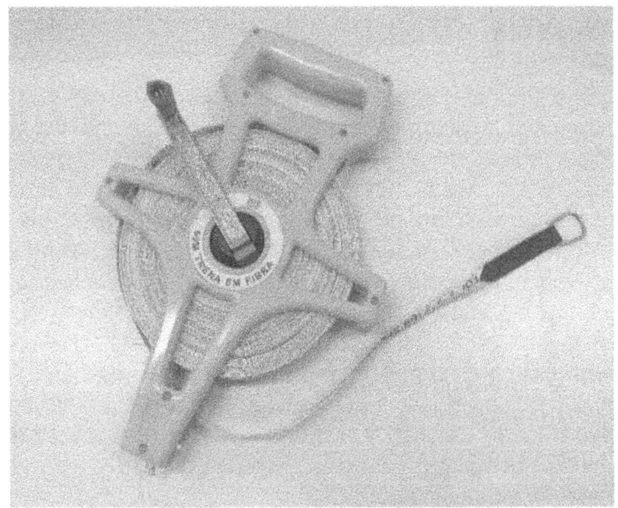

Figura 1.4.6.1. Trena plástica de 50 m.

Figura 1.4.6.2. Trena a laser.

1.4.7. Bússola

Importante instrumento para orientação do norte nos pontos bases durante levantamento topográfico. A agulha da bússola determina a direção do norte magnético e o profissional deve fazer a conversão deste valor para o norte geográfico, o qual será apresentado na carta topográfica. Esta indicação é importante pois os ângulos de rumos e azimutes são calculados utilizando os quadrantes e os eixos norte, sul, leste e oeste.

As bússolas variam das mais simples até as mais sofisticadas com mecanismo para declinação magnética, permitindo a realização de leituras com base no norte geográfico. Uma das mais utilizadas é a Bússola Brunton ou Bússola de Geólogo que possui, além do ajuste para declinação magnética, níveis de bolha utilizados para determinação de rumos, azimutes e inclinações de planos de falha em rochas.

Figura 1.4.7.1. Bússola simples para indicação do norte magnético.

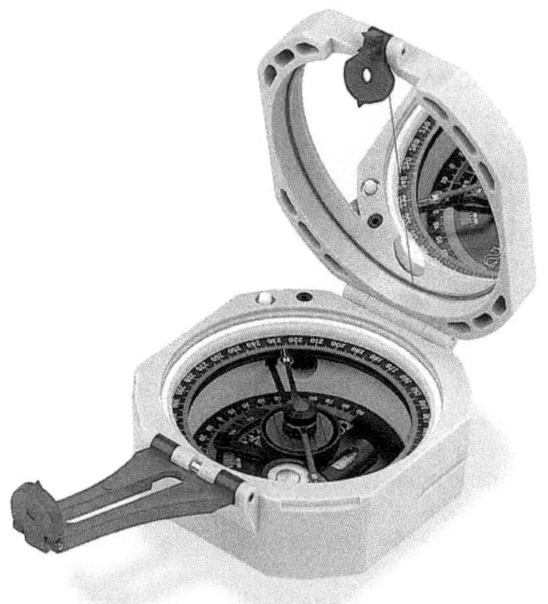

Figura 1.4.7.2. Bússola Brunton. Fonte: https://www.brunton.com/products/conventional-pocket-transit.

1.4.8 Instalação do teodolito

Antes de realizar as medidas em campo com teodolito, estação total ou nível ótico, é necessário posicionar o equipamento diretamente sobre o piquete cravado ao solo seguido de ajuste dos níveis. Isto deve ser feito corretamente para garantir a qualidade dos dados. Abaixo temos uma sequência operacional descrevendo os passos para a instalação do teodolito, a qual serve também para a estação total e o nível ótico.

1 - Ajuste as pernas do tripé em uma altura adequada para uso do operador.
2 – Posicione o centro do tripé sobre o piquete no solo olhando verticalmente para baixo sobre o tripé ou utilizando um fio de prumo.

Fixe as pernas do tripé firmemente no chão fazendo o prumo coincidir com o centro do piquete.

3 - Ajuste o comprimento de cada perna para deixar a cabeça do tripé o mais nivelada possível. Apertar os parafusos de travamento das pernas do tripé, depois coloque o teodolito na cabeça do tripé e trave com o parafuso de fixação abaixo.

4 - Olhe através do prumo óptico, ajuste a ocular para que o retículo possa ser visto claramente, e posicione o tripé diretamente sobre o piquete. Neste processo é comum o operador posicionar a ponta da bota próximo ao piquete, servindo como guia para facilitar a visualização do alvo. A posição correta é o centro do retículo sobre o centro do piquete, marcado geralmente com um prego. O ajuste fino para a posição é feito com rotação dos parafusos calantes.

5 - Centralizar a bolha do nível circular destravando com cuidado uma das pernas do tripé, seguido de movimento para cima ou para baixo de acordo com a posição da bolha. Isto é repetido para as outras pernas do tripé até alcançar a posição correta. O ajuste fino é realizado com a rotação dos parafusos calantes. A bolha deve ficar dentro do círculo.

6 – Olhar novamente pelo prumo ótico para ver se o equipamento saiu da posição do piquete. Caso tenha saído, destravar o parafuso de fixação abaixo do teodolito e deslizar lateralmente o equipamento para a posição correta.

7 – Em seguida centralizar a bolha do nível tubular. Isto é feito posicionando o nível tubular paralelamente a dois parafusos calantes. Rotacionar em sincronia os parafusos para dentro ou para fora de acordo com a movimentação da bolha. Quando estiver centralizada, girar o teodolito em um ângulo de 90º e, caso a bolha saia da posição central, ajustar com o terceiro parafuso calante.

8 – Olhar novamente pelo prumo ótico para ver se o equipamento saiu da posição. Caso tenha saído, repetir as etapas 6 e 7.

9 – Medir a altura do instrumento (AI) utilizando uma trena, medido do topo do piquete até a marca lateral do teodolito, sinalizada com uma ranhura na posição do eixo da luneta.

Assim, o equipamento estará centralizado e nivelado pronto para a realização do levantamento.

Em equipamentos com EDM a altura do instrumento e a centralização sobre o piquete é feita com uso do laser, onde os valores medidos são apresentados no painel.

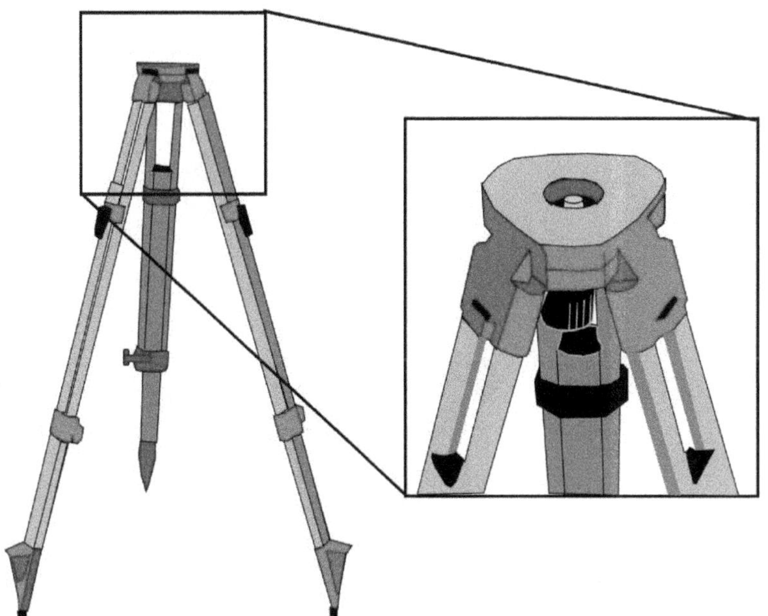

Figura 1.4.8.1. Tripé para posicionamento do teodolito com detalhe do topo onde o teodolito será fixado.

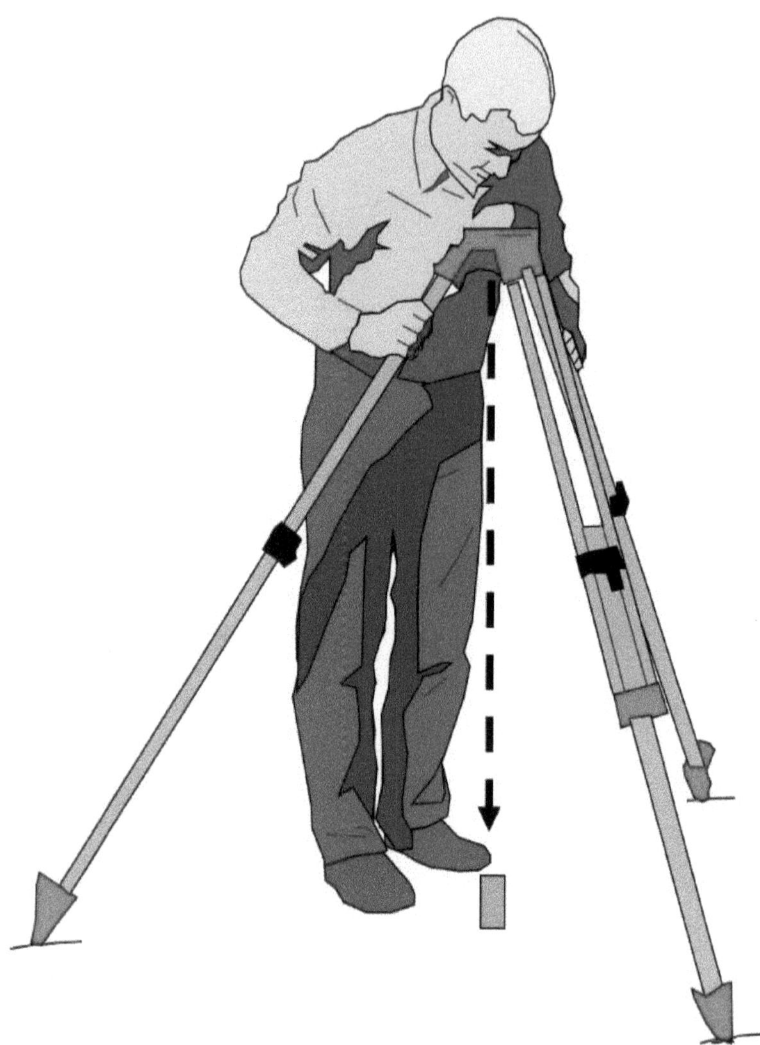

Figura 1.4.8.2. Posicionamento do tripé sobre o piquete.

Figura 1.4.8.3. Fixação do teodolito no tripé.

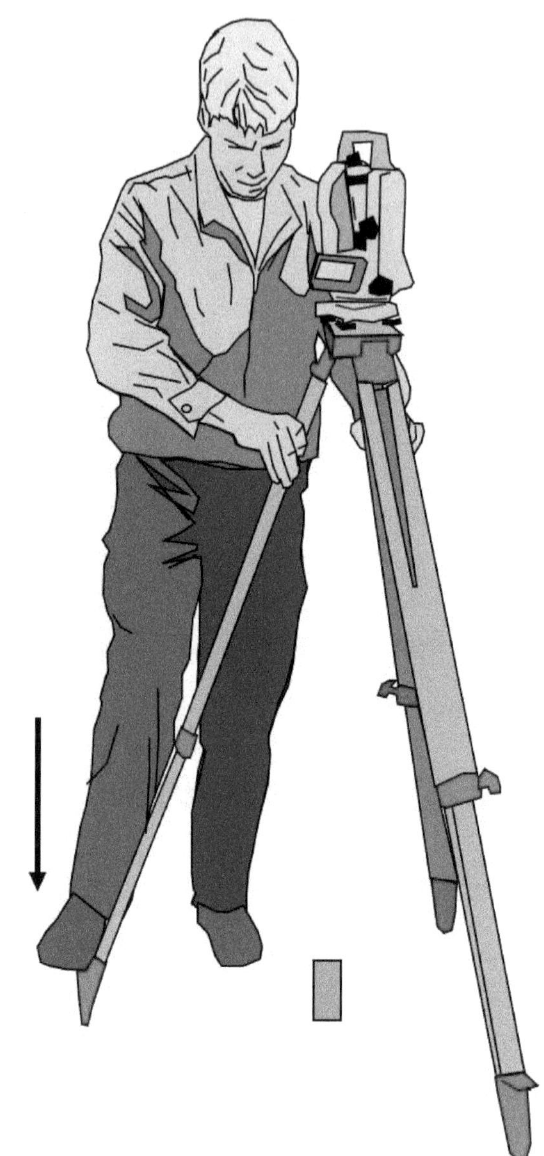

Figura 1.4.8.4. Cravação do tripé do solo.

Figura 1.4.8.5. Centralizando o aparelho olhando através do prumo ótico.

Figura 1.4.8.6. Centralizando o nível de bolha circular com movimento do tripé.

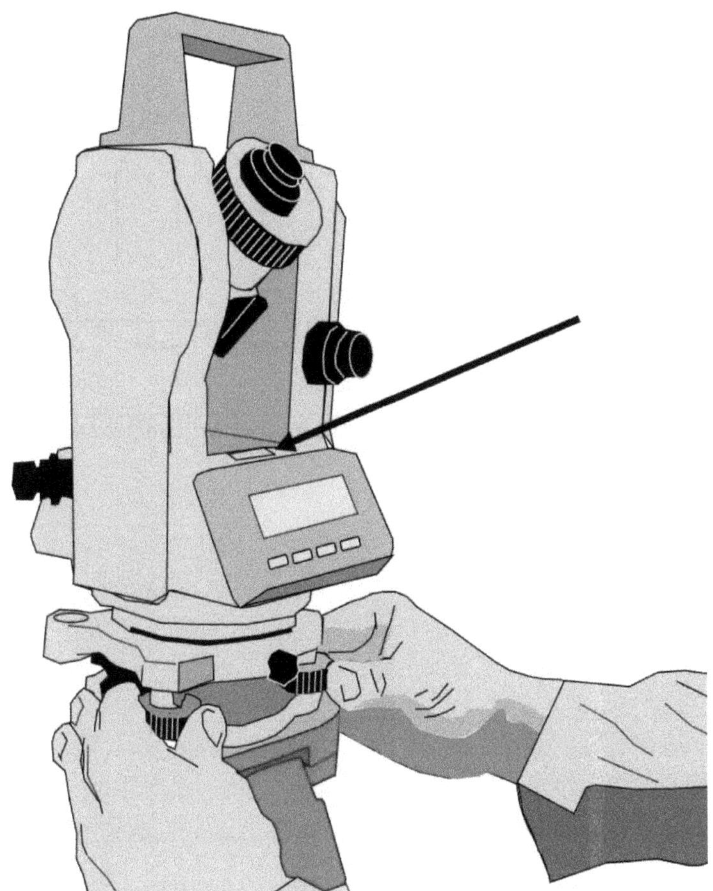

Figura 1.4.8.7. Ajuste do nível tubular com uso dos parafusos calantes. Nível indicado pela seta.

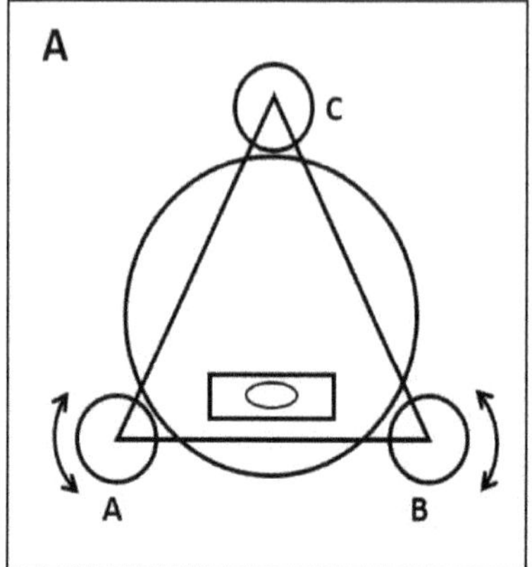

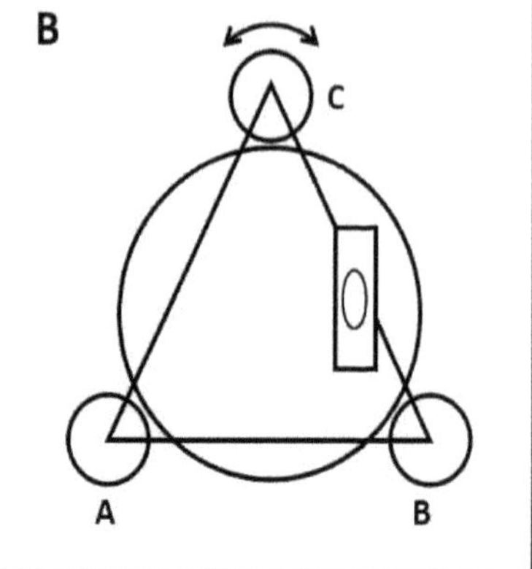

Figura 1.4.8.8. Ajuste do nível de bolha tubular com parafuso calante.

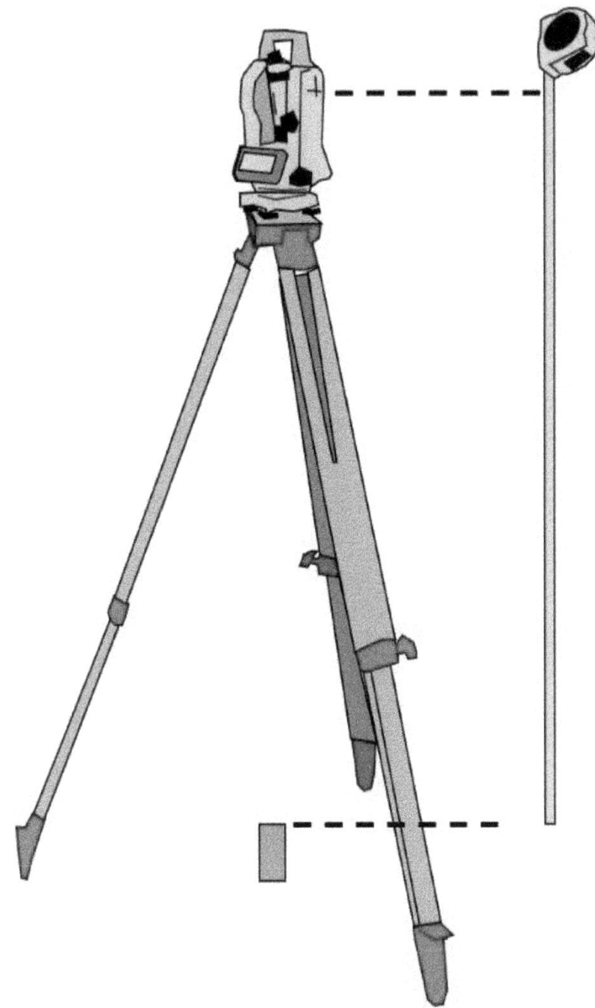

Figura 1.4.8.9. Altura do instrumento medida com trena.

1.4.9 Piquetes

Os pontos utilizados para levantamentos topográficos são marcados no terreno com uso de piquetes de madeira ou marcos metálicos, dependendo de sua finalidade. Os piquetes são utilizados geralmente em levantamentos para execução de obras de construção civil, enquanto os marcos metálicos são usados com maior frequência na cidade em levantamentos de caráter geodésico.

Os piquetes são acompanhados de uma estaca testemunho para melhorar a visualização dos pontos espalhados no campo. A finalidade do piquete é delimitar as áreas de pesquisa ou identificar os pontos espalhados no campo em levantamentos planialtimétricos. Possuem o centro identificado no topo com um prego, tacha de cobre ou outro tipo de marcação para centralizar o equipamento de topografia. O tamanho varia de 15 a 30 cm com uma das extremidades pontiaguda para facilitar a cravação no solo.

Figura 1.4.9.1. Marco geodésico.

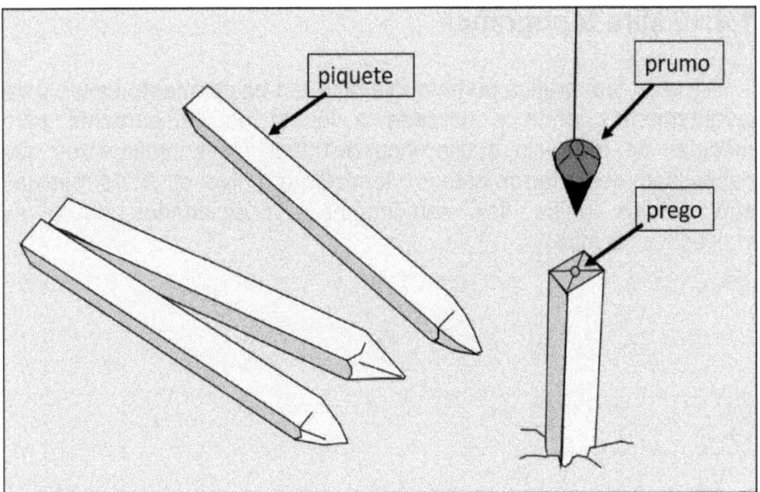

Figura 1.4.9.2. Piquete de madeira cravado ao solo com prego indicando o centro.

1.4.10 Mira topográfica

A mira topográfica ou mira falante é um equipamento usado para levantamentos onde é utilizada a luneta do equipamento para medidas de distância e diferença de nível. Os equipamentos que necessitam desta ferramenta é o teodolito e o nível ótico. As medidas são obtidas pelos fios estadimétricos posicionados sobre as indicações na mira.

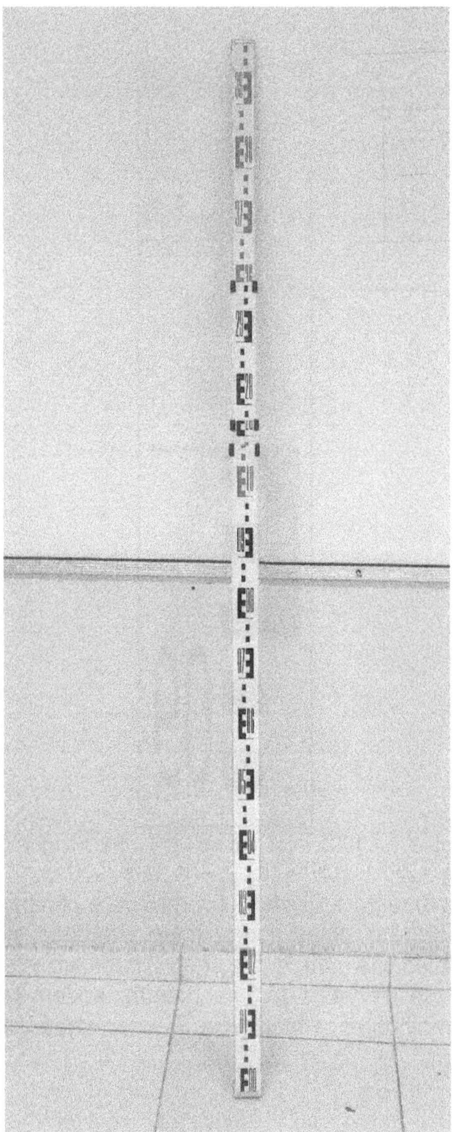

Figura 1.4.10.1. Mira ou régua topográfica de alumínio.

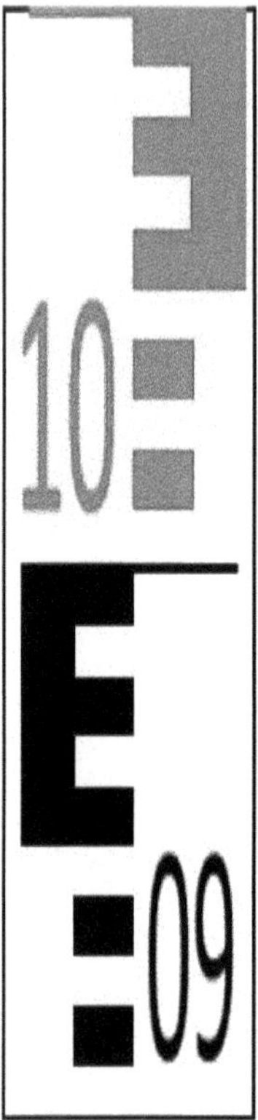

Figura 1.4.10.2. Intervalo de uma mira topográfica.

Este equipamento é dividido em metros e centímetros, onde os metros são indicados pelas cores, preto e branco intercalado com vermelho e branco. Os metros são subdivididos em intervalos de 10 e 5 centímetros. Os intervalos de 5 centímetros podem ser identificados em figuras semelhantes a uma letra E, onde cada pequena divisão representa 1 cm.

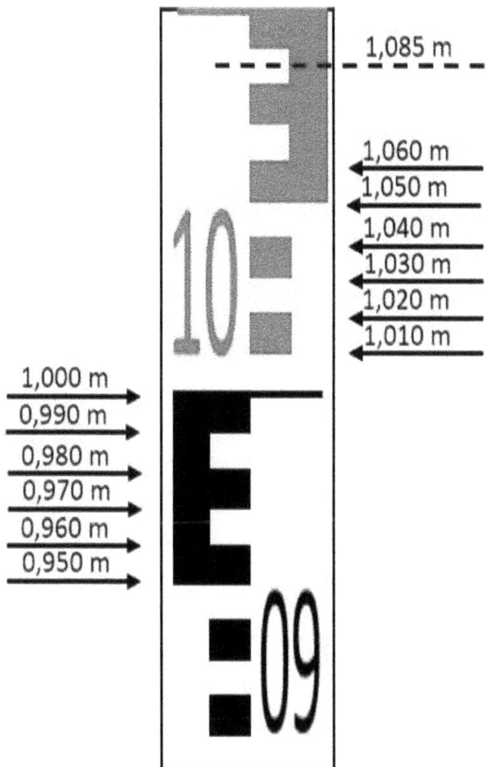

Figura 1.4.10.3. Indicação de leituras em uma mira topográfica.

Possuem modelos telescópicos e produzidas em alumínio ou fibras de vidro. Existem modelos mais antigos produzidos em madeira e com outras formas de representação das medidas centimétricas.

Muito modelos trazem uma escala milimétrica em um dos lados da mira para leituras mais precisas quando a visada não estiver muto distante, sendo bastante utilizadas para nivelamento do terreno. Pois a parte frontal da mira não apresenta os milímetros, sendo assim utilizada quando o ponto visado estiver mais distante em que as cores facilitam a leitura.

Devem ser posicionadas verticalmente sobre o prego no piquete ou o ponto indicado no solo. A verticalidade é importante para reduzir o erro e muitas vezes pode ser utilizado um pequeno nível de bolha preso a mira facilitando o serviço do auxiliar.

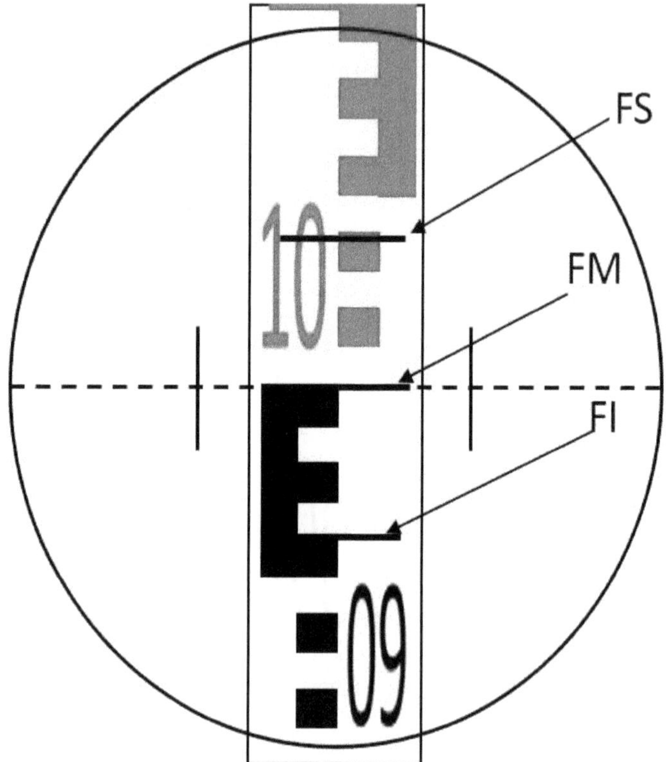

Figura 1.4.10.4. Sobreposição dos fios estadimétricos da luneta sobre a imagem da mira topográfica.

1.4.11 Prisma

Equipamento acessório para levantamentos com estação total com objetivo de refletir o feixe de laser que deve ser posicionado no centro do prisma. O prisma é enroscado no bastão que possui indicação da altura do equipamento. Ao ser usado deve ser colocado sobre o ponto topográfico e em posição vertical. O auxiliar deve segurar o bastão da maneira correta ou muitas vezes com uso de nível de bolha para mira. Quando posicionado com tripé, ajustar o nível de bolha para o centro do círculo. A altura do prisma é indicada na parte superior do bastão. Entretanto, o operador deve verificar a altura com uma trena de bolso, pois se o prisma não for devidamente enroscado haverá um erro de 5 ou 10 mm a mais na altura do prisma, comprometendo a qualidade do trabalho.

Figura 1.4.11.1. Prisma para levantamento com estação total.

1.5 SISTEMAS DE COORDENADAS

1.5.1 Coordenadas Geográficas

A localização de pontos e áreas na superfície do planeta é feita através de um sistema de coordenadas, onde os mais usais são os sistemas de coordenadas geográficas e o sistema UTM.

Coordenadas geográficas utilizam os ângulos verticais e horizontais a partir de linhas imaginárias do centro do globo terrestre que formam os pontos de latitude e longitude. Os pontos de latitude de mesmo ângulo formam linhas ao redor do globo chamadas de paralelos, pois são paralelos a Linha do Equador. Estas latitudes são separadas pela Linha do Equador (0°) aumentando para o hemisfério norte até 90°N e para o hemisfério sul até 90°S. Enquanto os pontos de longitude de mesmo ângulo formam linhas verticais, norte-sul, chamadas de meridianos. Estas linhas são originadas no Meridiano de Greenwich dividindo o globo em hemisfério oriental a leste e hemisfério ocidental para oeste. As unidades angulares crescem a partir desta linha nos dois sentidos com indicações das siglas W para oeste e E para leste até o Antimeridiano de Greenwich ou Linha Internacional de Data.

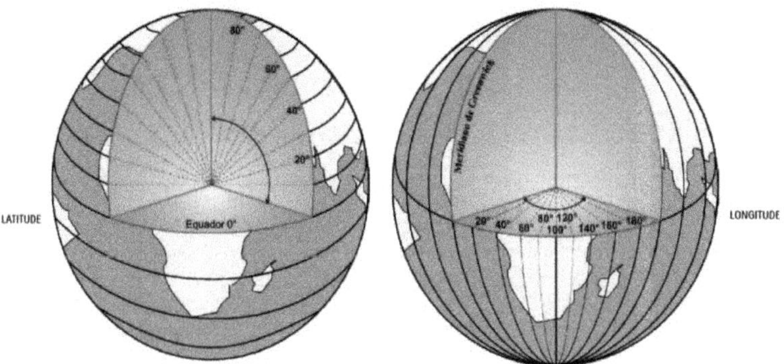

Figura 1.5.1.1. Formas das linhas de latitude e longitude no sistema geográfico. Fonte: IBGE, Diretoria de Geociências, Coordenação de Geodésia.

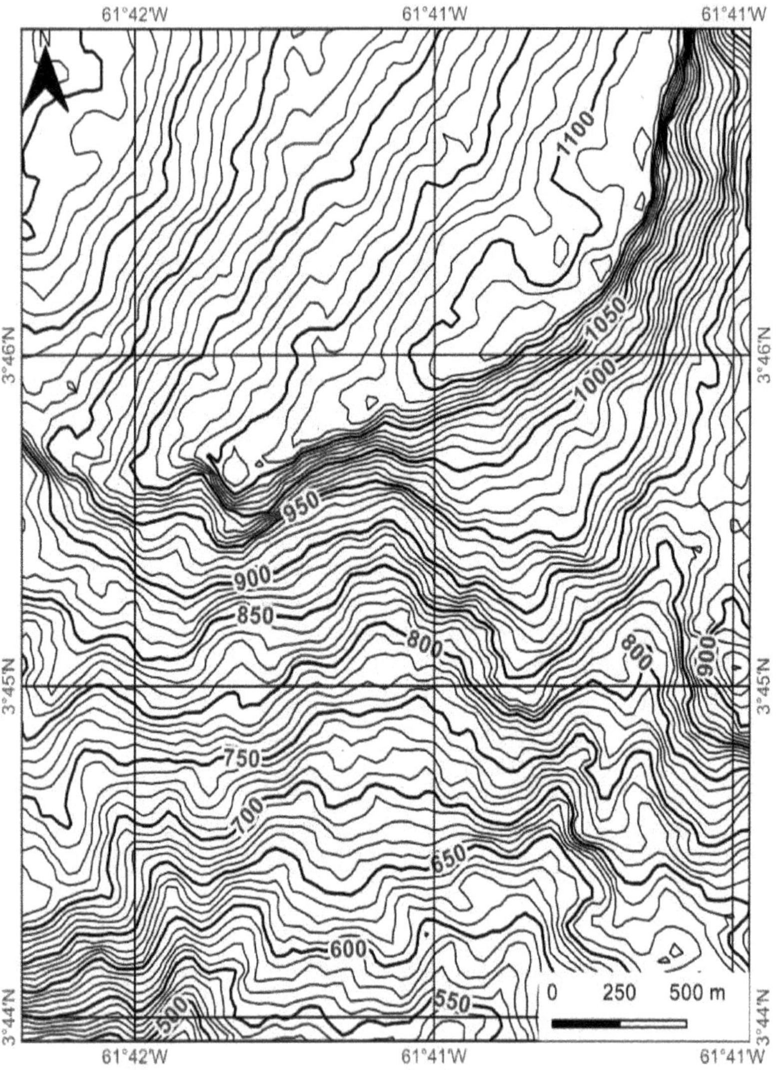

Figura 1.5.1.2. Mapa topográfico com coordenadas geográficas.

Abaixo temos um exemplo de locais identificados por coordenadas geográficas utilizando o Datum WGS-84.

Tabela 1.5.1.1. Exemplo de localização por coordenadas geográficas.

Local	Latitude	Longitude
Arena da Amazônia	3°05'00,1"S	60°01'41,2"W
Barragem de Sobradinho	9°26'09,9"S	40°49'32,9"W
Lagoa da Pampulha	19°50'57,6"S	43°58'09,7"W

1.5.2 Coordenadas UTM

O Sistema de Coordenadas UTM (Universal Transversa de Mercator) utiliza unidades métricas delimitadas por faixas norte-sul em uma projeção cilíndrica. Estas faixas são denominadas zonas UTM dividindo a Terra em 60 zonas, cada uma correspondendo a 6° de longitude de largura com um meridiano central. Iniciando a zona 1 entre as longitudes 180°W e 174°W, e finalizando na zona 60 entre 174°E e 180°E. Sendo um sistema valido até as latitudes 80°S e 84°N, permitindo um mapeamento em cada uma das faixas separadas com menores distorções. As unidades métricas das linhas horizontais crescem a partir da latitude 80°S até a linha do equador, onde alcança o valor de 10.000.000mN. Para o hemisfério norte as unidades aumentam da linha do equador até seu limite ao norte. Enquanto as linhas verticais crescem de oeste para leste sendo 500.000mE no Meridiano Central.

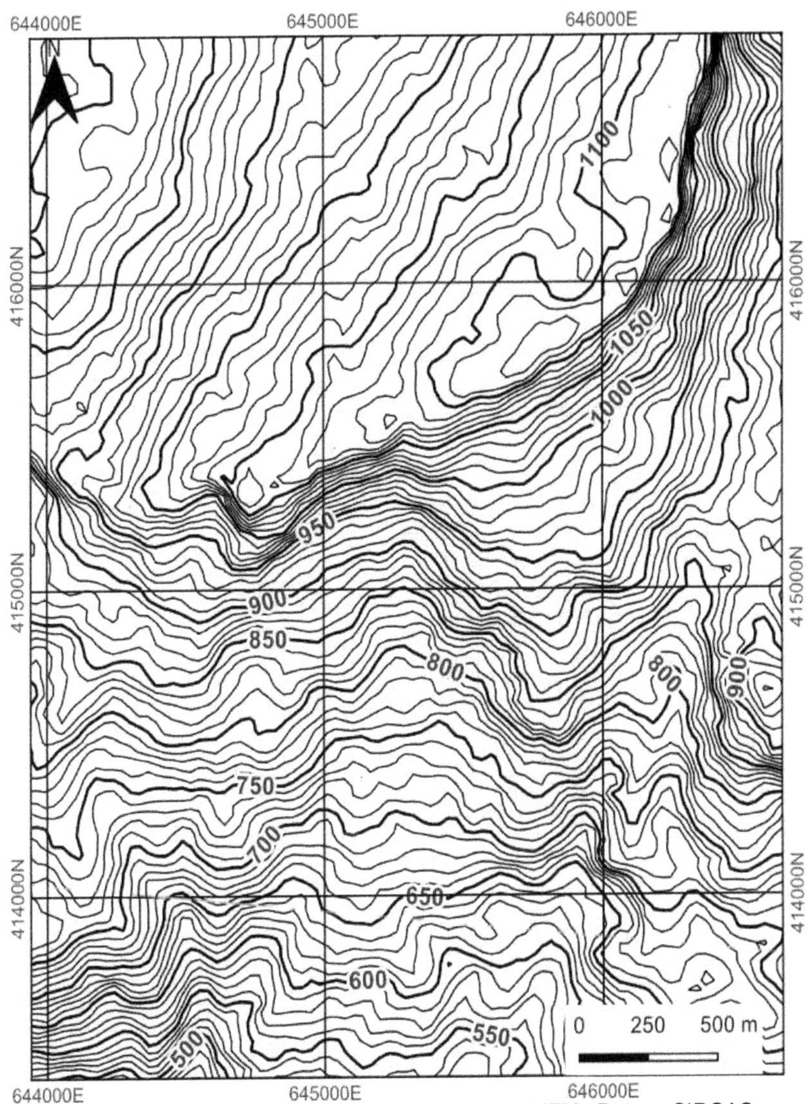

Figura 1.5.2.1. Mapa topográfico com coordenadas UTM. Datum SIRGAS 2000, ZONA 20N.

Exemplo 1.5.2.1. A cidade de Manaus, AM, está localizada na longitude de 60°0'20"W, assim encontra-se na Zona UTM 20S com Meridiano Central de 63°W.
Uma forma de encontrar com mais facilidade o Meridiano Central de cada zona UTM é a utilização da fórmula: MC = 6F – 183°
Onde, MC = Meridiano Central.
F = fuso ou zona UTM.

Para converter coordenadas geográficas em UTM faz-se a utilização das calculadoras online de conversão como por exemplo a calculador da página do INPE (https://www.dpi.inpe.br/calcula/). Nestas calculadoras é preciso informar, além das coordenadas, o Datum de entrada (por exemplo: WGS-84) e o Datum de saída (por exemplo: SIRGAS-2000), seguido da indicação da zona UTM e do hemisfério.

Tabela 1.5.2.1. Resultado de conversão de uma coordenada geográfica em UTM. Meridiano central = -63. Zona UTM = 20S.

Resultado	
Datum de Entrada	WGS84
Datum de Saída	SIRGAS2000
Longitude em GMS	O 60 1 41,200
Longitude em GD	-60,028111111111
Coord X UTM em metros	830369,59260263
--	--
Latitude em GMS	S 3 5 0,100
Latitude em GD	-3,0833611112346
Coord Y UTM em metros	9658731,4746229

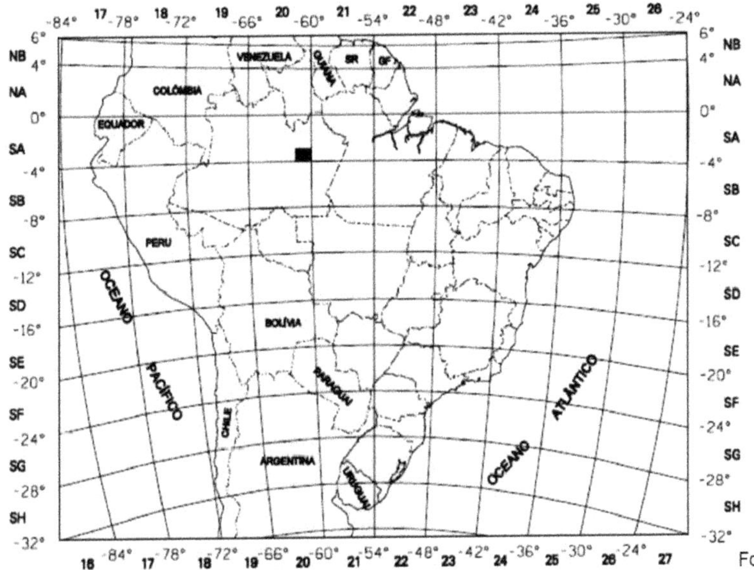

Figura 1.5.2.2. Zonas UTM que envolvem o Brasil. Fonte: RADAMBRASIL (1978).

Tabela 1.5.2.2. Exemplo de localização por coordenadas UTM.

Local	X (mE)	Y (mN)	Zona UTM
Arena da Amazônia	830.369,592	9.658.731,474	20S
Barragem de Sobradinho	299.532,221	8.956.411,292	24S
Lagoa da Pampulha	607.916,927	7.804.861,732	23S

1.5.3 Coordenadas Topográficas

A determinação de áreas, distâncias e cotas do terreno, regularmente calculadas em levantamentos topográficos, é realizada de maneira prática com uso de coordenadas topográficas, as quais utilizam unidades métricas.

Estas coordenadas são determinadas arbitrariamente pelo profissional para um ponto inicial da área, permitindo o cálculo das demais coordenadas nos pontos medidos. A unidade utilizada, o metro, facilitando os cálculos em m^2 para áreas e m^3 para volumes de solos, como é o caso de cálculos em terraplenagem.

Tabela 1.5.3.1. Coordenadas topográficas.

PONTOS	X (m)	Y (m)
A	234,19	589,25
B	320,05	560,22
C	332,82	445,17
D	230,03	415,32
E	216,67	503,04

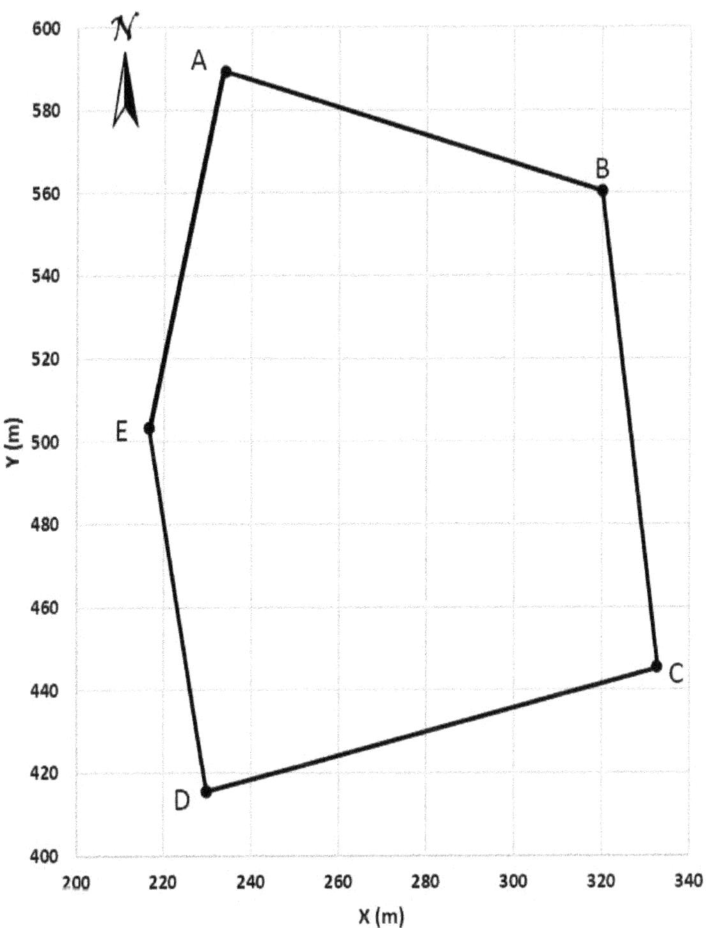

Figura 1.5.3.1. Plotagem das coordenadas apresentadas na tabela anterior.

2 - PLANIMETRIA

A planimetria é a técnica de representação do terreno em um plano cartográfico através de medidas de distâncias, ângulos, áreas, perímetros e sistema de coordenadas.

As unidades usuais para cálculos e medidas de áreas é o metro quadrado (m^2), embora algumas vezes as áreas sejam expressas em hectares (ha). As distâncias e perímetros são expressos em metro e os ângulos de rumos e azimutes em grau, minuto e segundo.

2.2 CÁLCULOS DE RUMOS E AZIMUTES

Rumos e azimutes são medidas angulares que apresentam a direção do caminhamento ou da visada. Utilizando para isto os quadrantes, nordeste (NE), sudeste (SE), sudoeste (SW) e noroeste (NW).

Rumos - determinam uma direção utilizando o ponto de partida para medida do ângulo o eixo norte ou o eixo sul (figura 2.2.1).

Azimutes – determina uma direção utilizando o eixo norte como ponto de partida em sentido horário para medida do ângulo (figura 2.2.1).

Assim, na figura 2.2.1, podemos observar uma direção OA indicada em rumo (R_{OA} = 25°NE) e azimute (Az_{OA} = 25°). Pois as duas formas de apresentação da direção utilizaram o eixo norte para a medida angular indicadora. Entretanto, isto muda na direção OB inferior indicada na figura 2.2.1, onde o rumo é apresentado como R_{OB} = 60°SE, e o azimute é Az_{OB} = 120°. Porque neste quadrante o rumo utiliza o eixo sul para medida angular enquanto o azimute sempre utiliza o eixo norte contando o ângulo no sentido horário. A relação matemática entre as duas formas de apresentação neste caso é:

Rumo = 180° – azimute, para o quadrante SE.

Em levantamentos de campo os azimutes são medidos indicando a direção da visada de um ponto a outro como mostra o exemplo na figura 2.2.2. Onde podemos observar que o azimute da direção AB é Az_{AB} = 70°20'04", enquanto o azimute da direção contraria BA, chamado de contra azimute, é Az_{BA} = 250°20'04". O qual pode ser medido de acordo com a equação abaixo:

Contra azimute = 180° + Az, quando o azimute for menor que 180°.

Contra azimute = 180° - Az, quando o azimute for maior que 180°.

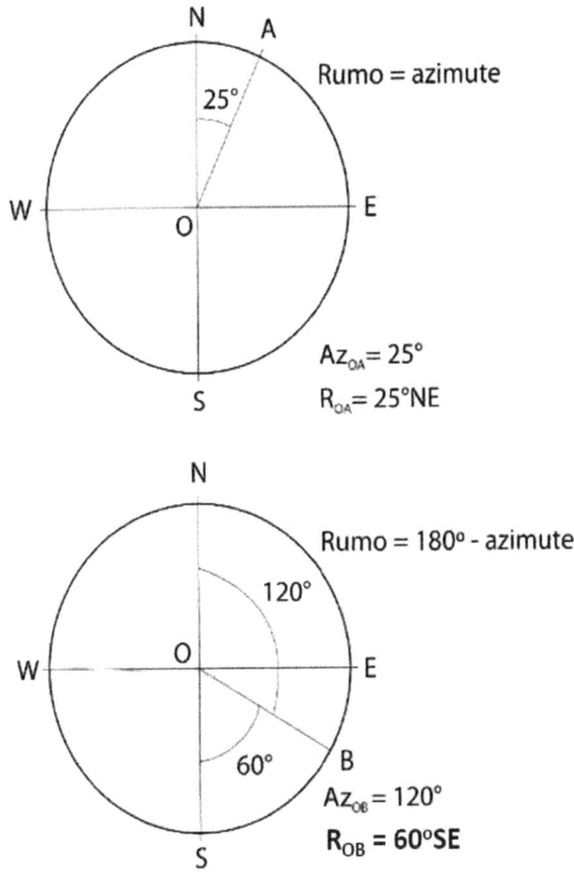

Figura 2.2.1. Exemplo de direções apresentadas em rumos e azimutes nos quadrantes nordeste e sudeste. Fonte: modificado de Fitz (2008).

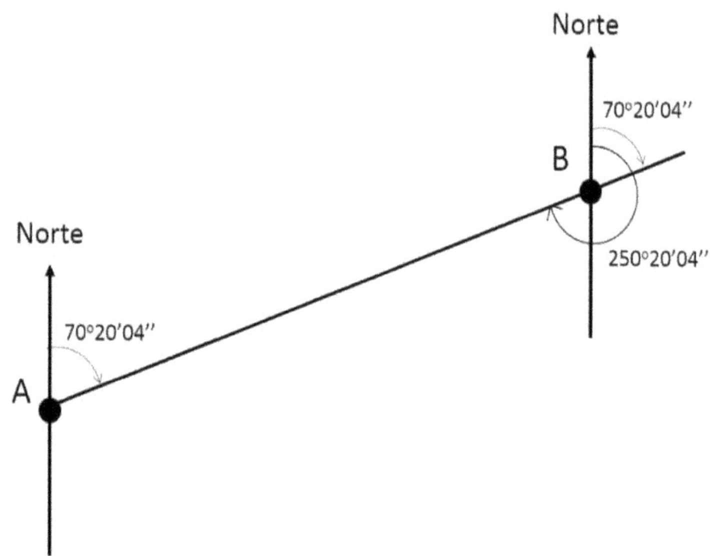

Figura 2.2.2. Indicação dos ângulos horizontais de visadas entre os pontos A e B.

O norte utilizado para as medidas deve ser o norte geográfico, o qual pode ser obtido através de cálculos a partir da declinação magnética. Pois a direção indicada na bússola está baseada no norte magnético da Terra. Assim, é necessário conhecer o ângulo de inclinação, declinação magnética, que este faz com o norte geográfico na região de estudo. Fazendo-se as devidas correções da leitura da bússola. Entretanto, bússolas profissionais possuem acessórios que permitem a correção deste equipamento para o norte geográfico.

Em Manaus a declinação magnética atual medida em 05/12/2021 é de 16,86°W, necessitando que o norte da bússola medido nesta cidade neste período seja subtraído de 16,86° para que esteja direcionado ao norte geográfico (figura 2.2.3). Como o polo magnético terrestre varia de posição com o tempo, este valor deve ser atualizado anualmente.

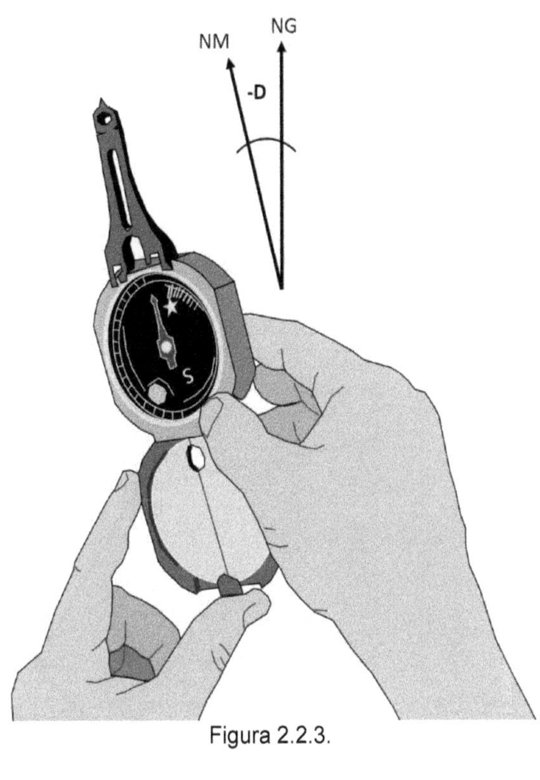

Figura 2.2.3.

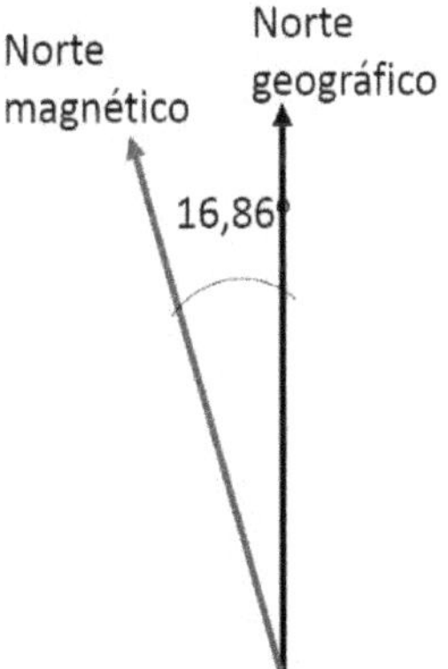

Figura 2.2.4. Declinação magnética para Manaus em 05/12/2021.

Assim, se um azimute medido for relacionado ao norte magnético a conversão para azimute com o norte geográfico será:

$Az_g = Az_m - D$

Onde, Azg = azimute geográfico

Azm = azimute magnético

D = declinação magnética

Exemplo 2.2.1. Calcule os azimutes da poligonal aberta.

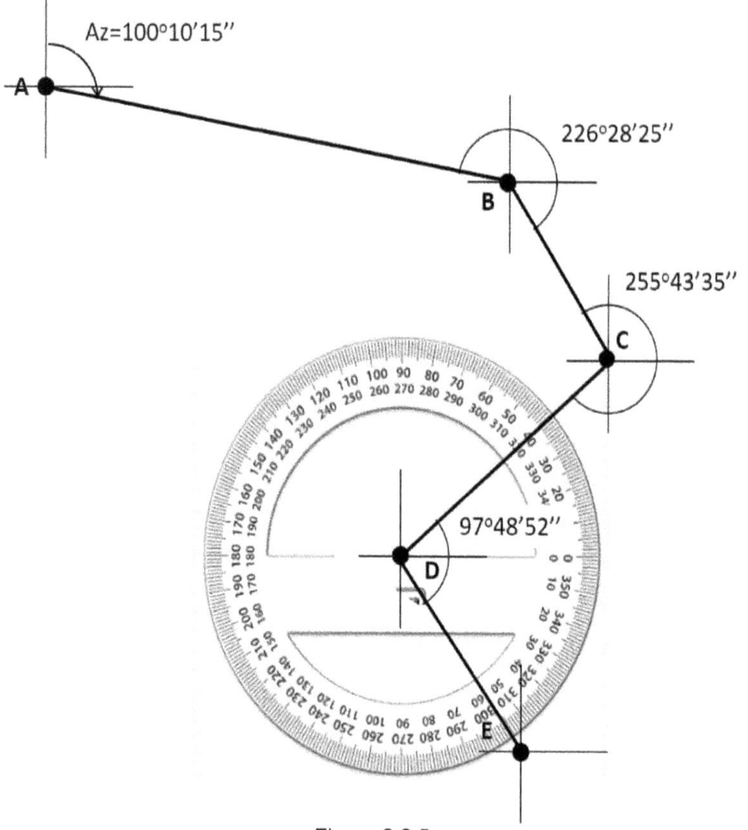

Figura 2.2.5.

Resolução:

Como o azimute de A para B já está descrito vamos calcular os demais que estão faltando. O próximo azimute Az_{BC} será calculado a partir do azimute anterior (Az_{AB}) mais o ângulo externo – 180º., como demonstra a equação abaixo:

$Az_{BC} = Az_{AB} + AngExt_{B} - 180^{\circ}$
$Az_{BC} = 100^{\circ}10'15'' + 226^{\circ}28'25'' - 180^{\circ}$
$Az_{BC} = 146^{\circ}38'40''$

A figura a seguir apresenta a relação entre os azimutes e ângulos externos para o calculo do azimute de B para C. Assim, podemos utilizar esta equação para o cálculo dos demais seguimentos a partir do azimute anterior e o ângulo externo.

$Az_{CD} = Az_{BC} + AngExt_{C} - 180^{\circ}$
$Az_{CD} = 146^{\circ}38'40'' + 255^{\circ}43'35'' - 180^{\circ}$
$Az_{CD} = 222^{\circ}22'15''$

$Az_{DE} = Az_{CD} + AngExt_{D} - 180^{\circ}$
$Az_{DE} = 222^{\circ}22'15'' + 97^{\circ}48'52'' - 180^{\circ}$
$Az_{DE} = 140^{\circ}11'7''$

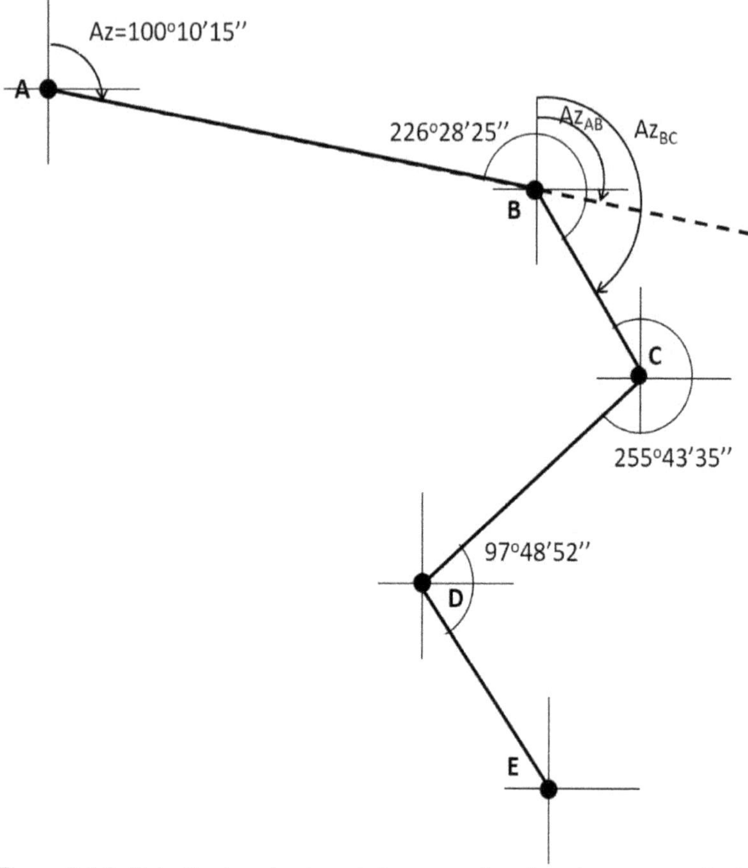

Figura 2.2.6. Relação do azimute anterior com o ângulo externo para cálculo do azimute de B para C.

Exemplo 2.2.2. Calcule os azimutes da poligonal apresentada a seguir.

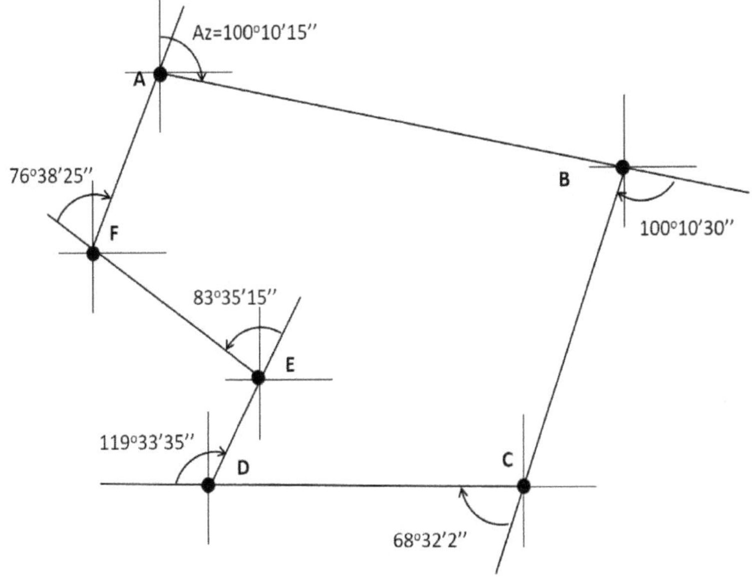

Figura 2.2.7.

Resolução:

Utilizando o azimute anterior Az_{AB} e somando com o ângulo de deflexão teremos o azimute de B para C, Az_{BC}. Como apresenta a figura a seguir e a equação matemática formada:

$Az_{BC} = Az_{AB} + Dd_B$
$Az_{BC} = 100°10'15" + 100°10'30"$
$Az_{BC} = 200°20'45"$

Assim, pode-se calcular todos os demais azimutes com a equação formada. Lembrando que o sinal deve ser trocado para negativo quando for deflexão a esquerda (De) e subtraindo por 360° o ângulo que ultrapassar este valor.

$Az_{CD} = Az_{BC} + Dd_C$
$Az_{CD} = 200°20'45" + 68°32'2"$
$Az_{CD} = 268°52'47"$

$Az_{DE} = Az_{CD}+Dd_{D}$
$Az_{DE} = 268°52'47''+119°33'35''$
$Az_{DE} = 388°26'22''$

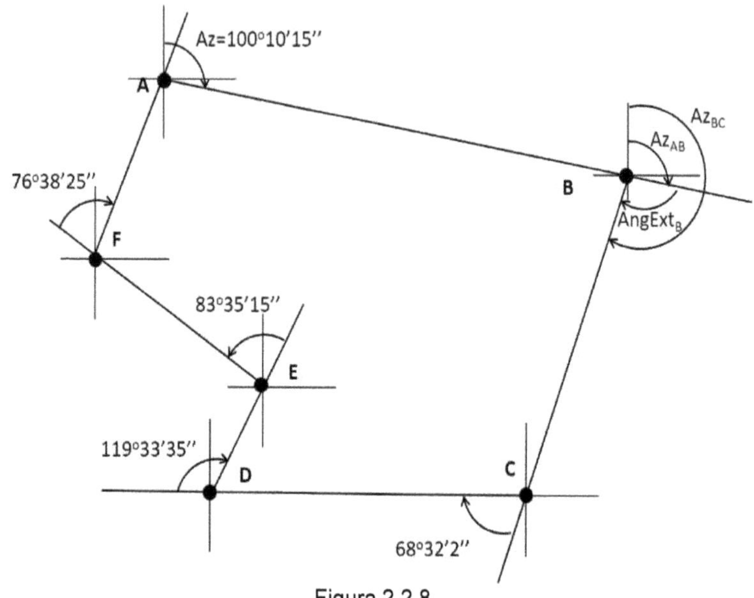

Figura 2.2.8.

$Az_{EF} = Az_{DE}-De_{E}$
$Az_{EF} = 388°26'22''-83°35'15''$
$Az_{EF} = 304°51'7''$

$Az_{FA} = Az_{EF}+Dd_{F}$
$Az_{FA} = 304°51'7''+76°38'25''$
$Az_{FA} = 381°29'32''$
$Az_{FA} = 21°29'32''$

Exemplo 2.2.3. Calcule os azimutes da poligonal com ângulos internos.

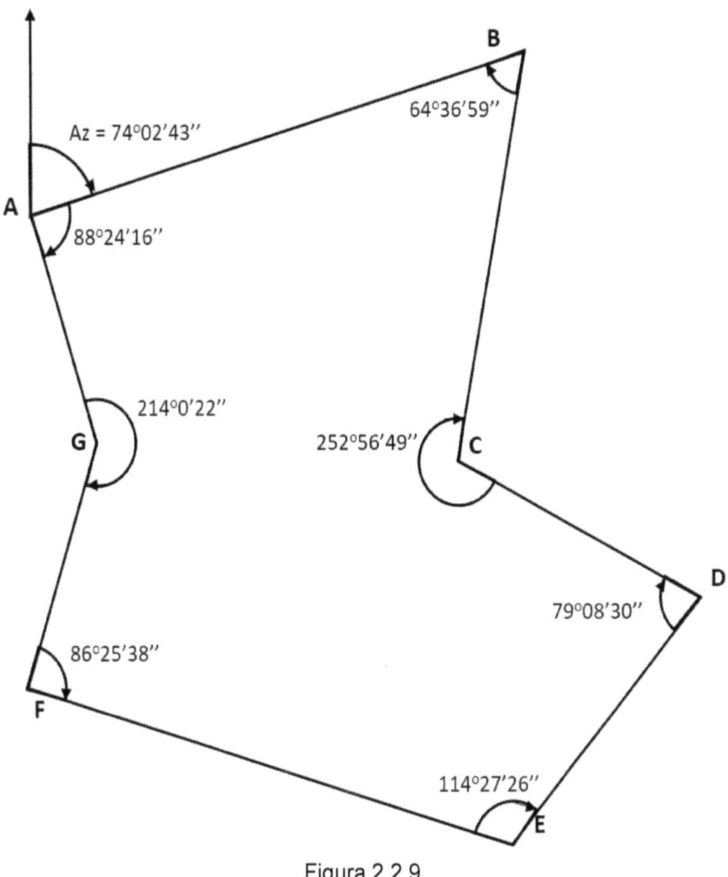

Figura 2.2.9.

Resolução: Transferindo o azimute de A para B (Az_{AB}) para o ponto B, é possível montar a equação abaixo que permite o cálculo do próximo azimute, como podemos ver na figura a seguir.

$Az_{BC} = Az_{AB} + 180° - AngInt_{B}$

Onde,
$AngInt_B$ = ângulo interno de B.

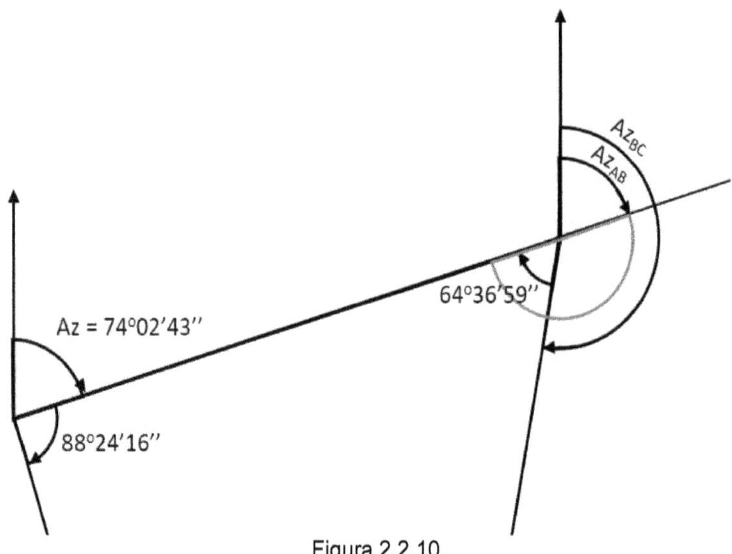

Figura 2.2.10.

Assim, podemos calcular os azimutes como segue:

$Az_{BC} = Az_{AB}+180°-AngInt_B$
$Az_{BC} = 74°2'43''+180°-64°36'59''$
$Az_{BC} = 189°25'44''$

$Az_{CD} = Az_{BC}+180°-AngInt_C$
$Az_{CD} = 189°25'44''+180°-252°56'49''$
$Az_{CD} =116°28'55''$

$Az_{DE} = Az_{CD}+180°-AngInt_D$
$Az_{DE} = 116°28'55''+180°-79°08'30''$
$Az_{DE} = 217°20'25''$

$Az_{EF} = Az_{DE}+180°-AngInt_E$
$Az_{EF} = 217°20'25''+180°-114°27'26''$

Az_{EF} = 282°52'59''

Az_{FG} = Az_{EF}+180°-$AngInt_F$
Az_{FG} = 282°52'59''+180°-86°25'38''
Az_{FG} = 376°27'21''

Az_{GA} = Az_{FG}+180°-$AngInt_G$
Az_{GA} = 376°27'21''+180°-214°0'22''
Az_{GA} = 342°26'59''

Exemplo 2.2.4. Calcule os azimutes e as coordenadas topográficas da poligonal fechada abaixo.

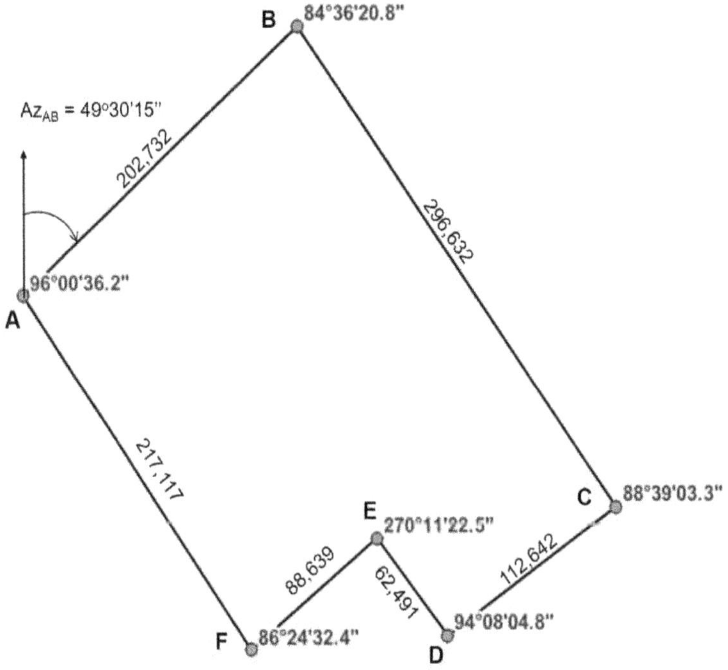

Figura. 2.2.11. Poligonal com ângulos internos.

Resolução:

Primeiro são calculados os azimutes de acordo com a equação para ângulos internos

$Az_{BC} = Az_{AB} + 180° - AngInt_{B}$
$Az_{BC} = 144°53'54,2''$
$Az_{CD} = 236°14'50,9''$
$Az_{DE} = 322°6'46,1''$
$Az_{EF} = 231°55'23,6''$
$Az_{FA} = 325°30'51,2''$

Em seguida pode-se calcular as distâncias nos eixos X e Y de acordo com as equações:

$\Delta X = DH.senAz$
$\Delta Y = DH.cosAz$

$\Delta X_{AB} = DH_{AB}.senAz_{AB}$
$\Delta X_{AB} = 202,732.sen(49°30'15'')$
$\Delta X_{AB} = 154,168$

$\Delta Y_{AB} = DH_{AB}.cosAz_{AB}$
$\Delta Y_{AB} = 202,732.cos(49°30'15'')$
$\Delta Y_{AB} = 131,652$

$\Delta X_{BC} = DH_{BC}.senAz_{BC}$
$\Delta X_{BC} = 170,571$
$\Delta Y_{BC} = -242,684$

$\Delta X_{CD} = -93,655$
$\Delta Y_{CD} = -62,584$

$\Delta X_{DE} = -38,376$
$\Delta Y_{DE} = 49,319$

$\Delta X_{EF} = -69,775$
$\Delta Y_{EF} = -54,665$

$\Delta X_{FA} = -122,932$

ΔY_{FA} = 178,962

Assumindo as coordenadas de A como X = 400 m e Y = 400 m e somando com os intervalos encontrados nos eixos obtemos as demais coordenadas da área, observadas na tabela e na figura seguinte.

$XB = XA + \Delta X_{AB}$
$XB = 400 + 154{,}168$
$XB = 554{,}168$

$YB = YA + \Delta Y_{AB}$
$YB = 400 + 131{,}652$
$YB = 531{,}652$

Tabela 2.2.1. Coordenadas da poligonal.

PONTOS	X (m)	Y (m)
A	400	400
B	554,168	531,652
C	724,729	288,968
D	631,074	226,384
E	592,698	275,703
F	522,923	221,038

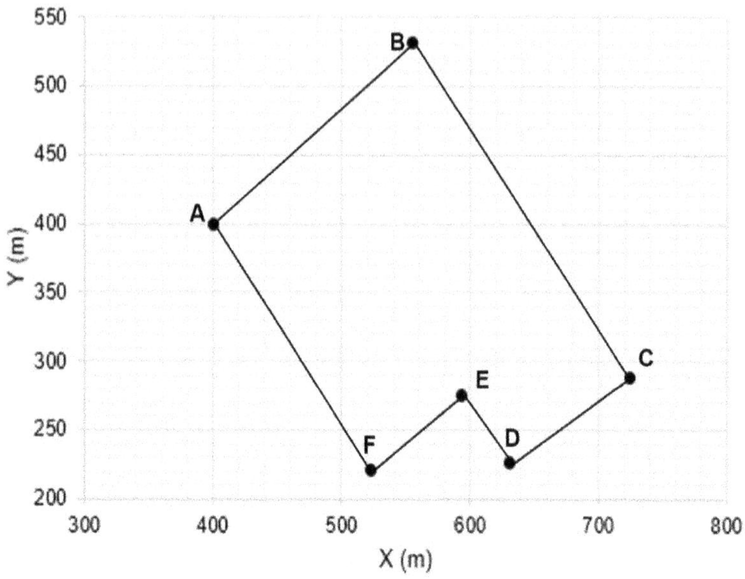

Figura 2.2.12. Área com coordenadas topográficas.

2.3 MEDIDAS DE DISTÂNCIA E DIFERENÇA DE NÍVEL

As distâncias podem ser medidas de forma direta ou indireta. Nas medidas diretas usa-se trena, piquetes e balizas com nível de cantoneira. Sempre tomando cuidado para evitar os erros de medidas apresentados no capítulo 1.2. As medidas podem ser feitas em lance único ou em vários lances quando o terreno apresentar dificuldade de visibilidade ou for muito acidentado. Enquanto as medidas indiretas são feitas por uso dos fios do retículo da luneta (fios estadimétricos) ou por medições eletrônicas. Medições de distâncias eletrônicas são realizadas pelas estações totais e trenas a laser.

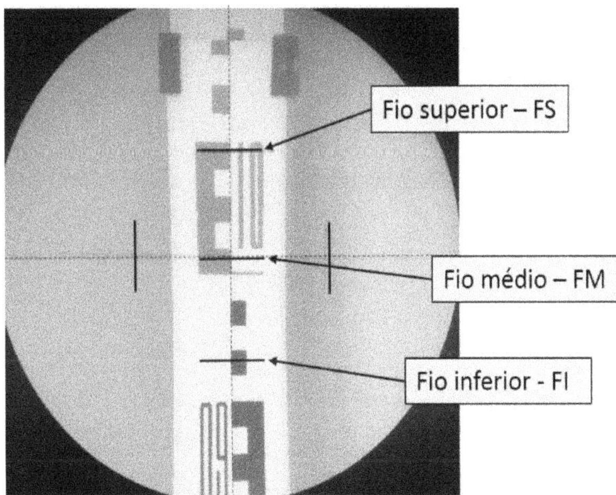

Figura 2.3.1. Fios estadimétricos no reticulo da luneta direcionado para a mira topográfica.

Em medidas indiretas, estadimetria, são anotadas as medidas da mira topográfica observadas na luneta com posicionamento dos fios estadimétricos, superior (FS), médio (FM) e inferior (FI). Associados aos ângulos zenital e vertical, além da relação das distâncias, parâmetros físicos da luneta e semelhança de triângulos. Com estes dados reunidos pode-se calcular a distância horizontal e a diferença de nível do terreno de acordo com as fórmulas:

$DH = 100.H.(\cos \alpha)^2$

DN = 50.H.sen(2α) + FM – AI, para visada descendente.

DN = 50.H.sen(2α) – FM + AI, para visada ascendente.

Onde, 100 é a constante do equipamento.
DH = distância horizontal
DN = diferença de nível
AI = altura do instrumento, medido do solo até a linha do eixo ótico, identificado na lateral do aparelho.
α = ângulo vertical
Z = ângulo zenital
H = FS – FI

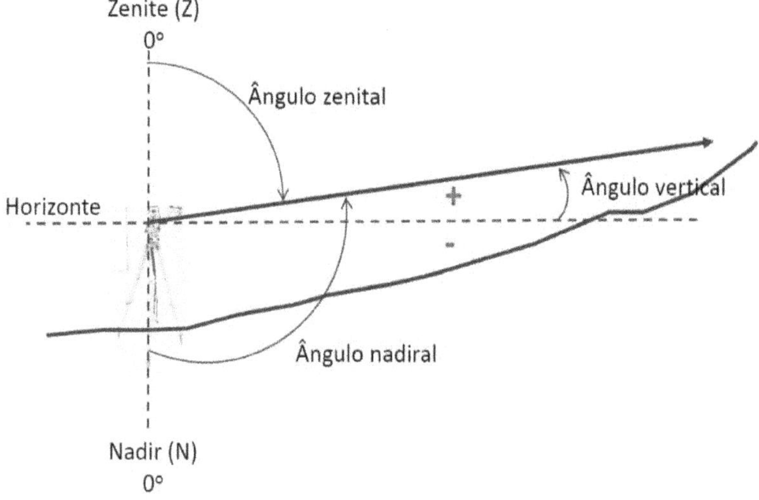

Figura 2.3.2. Ângulos utilizados em estadimetria, cálculos de medidas de distâncias.

Para visada horizontal onde α é igual a 0°, ou com uso de nível ótico o cálculo de distância horizontal e diferença de nível é realizado com as expressões abaixo:

DH = 100.H

DN = AI – FM

A relação dos ângulos e das medidas indicadas nos fios estadimétricos são:

α = 90° – Z (visada ascendente)
α = Z – 90° (visada descendente)

O ângulo vertical é formado entre a linha do horizonte e a linha de visada, variando de 0° a + 90° (acima do horizonte) e 0° a – 90° (abaixo do horizonte). O ângulo zenital é formado entre a vertical do lugar (zênite) e a linha de visada, variando de 0° a 180°.

A seguir temos o desenvolvimento das equações utilizadas para os cálculos de distância horizontal e diferença de nível nas diferentes formas de visada.

Visada Horizontal

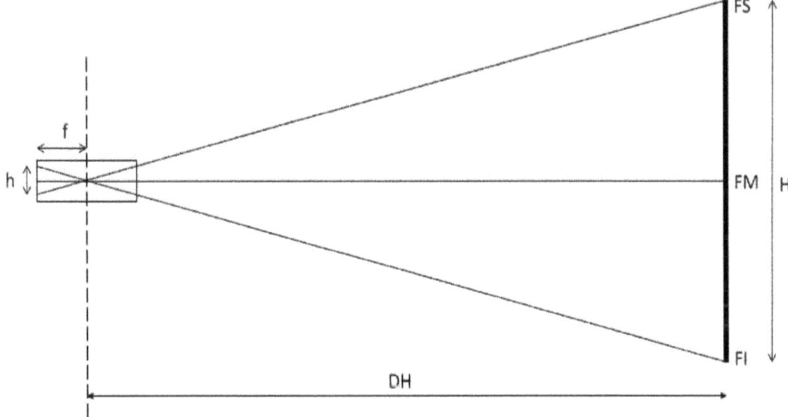

Figura 2.3.3. Parâmetros analisados em visada horizontal ou com ângulo zenital de 90°.

$$\frac{DH}{H} = \frac{f}{h}$$

$$DH = \left(\frac{f}{h}\right).H$$

Sendo f/h = 100, temos:

$$DH = 100.H$$

Enquanto a diferença de nível do terreno é calculada pela diferença das alturas:

$$DN = AI - FM$$

Visada Ascendente

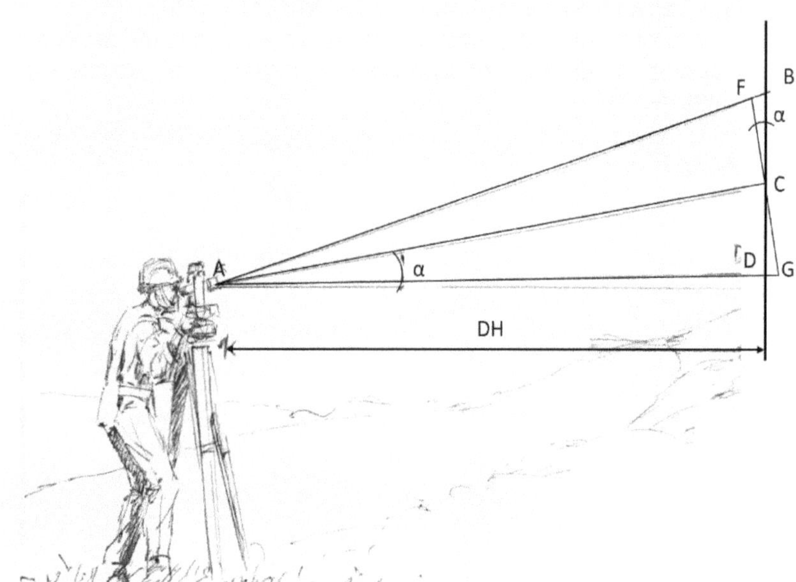

Figura 3.3.4. Sistema ótico da luneta com fios estadimétricos em uma visada ascendente.

De acordo com o sistema apresentado na figura 3.3.4., considerando DH = AC e FG = n, temos:

AC = 100.FG
AC = 100.n

cosα = DH/AC
DH = AC.cosα
DH = 100.n.cosα

Do triângulo BCF, temos:

cosα = (n/2)/(H/2) = n/H
n = H. cosα

Assim, substituindo "n" na equação de DH acima, temos:

DH = 100.n.cosα
DH = 100. H.cosα.cosα

DH = 100. H.$(\cos\alpha)^2$

A diferença de nível do terreno é obtida através da equação apresentada no desenvolvimento.

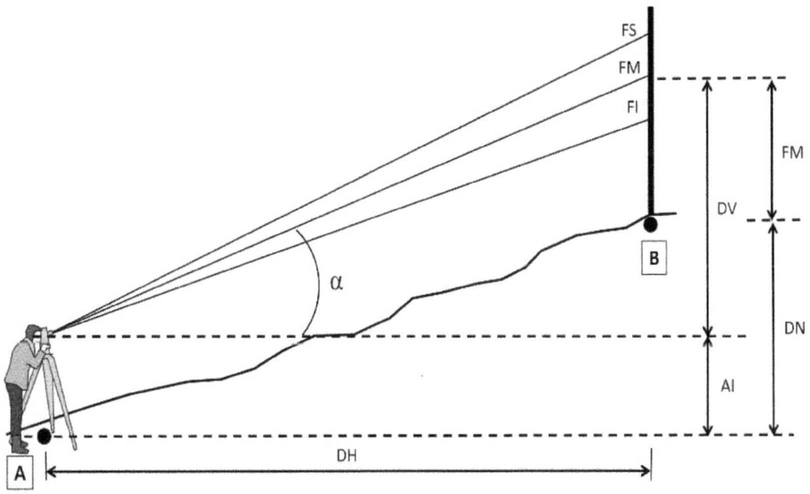

Figura 2.3.5. Parâmetros analisados em visada ascendente.

$$DV + AI = DN + FM$$

$$DN = DV + AI - FM$$

Como DV = 50.H.sen(2α), temos:

$$DN = 50.H.(sen2\alpha) + AI - FM$$

Visada Descendente

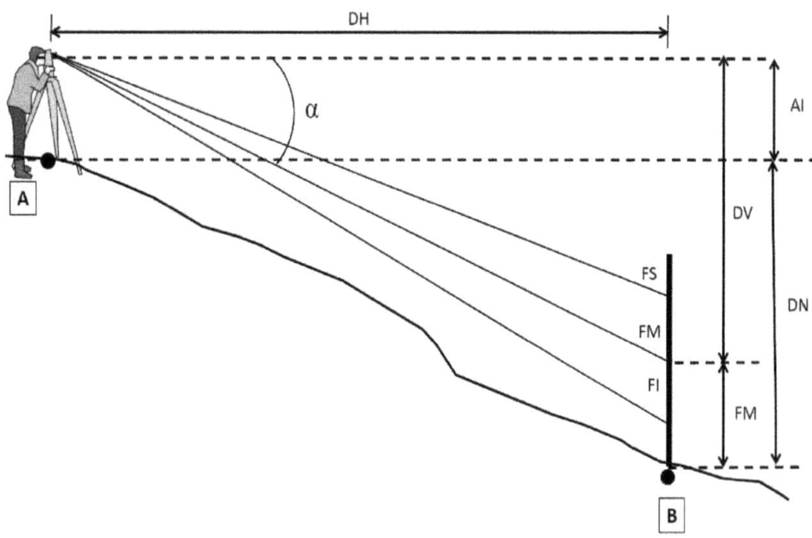

Figura 2.3.6. Análise para a visada descendente.

$$DN + AI = DV + FM$$

$$DN = DV - AI + FM$$

$$DN = 50.H.(sen2\alpha) - AI + FM$$

Exemplo 2.3.1. Faça o registro das medidas dos fios estadimétricos observados e apresentados na figura a seguir.

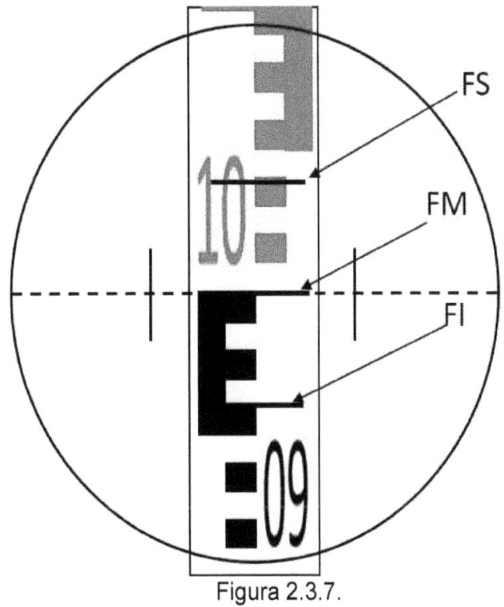

Figura 2.3.7.

Resolução:
FS = 1,040
FM = 1,000
FI = 0,960

2.3.1. Exercícios

1. Transforme os seguintes rumos em azimutes:
a) R = 19°29'45" NW
b) R = 43°51'26" SW
c) R = 26°06'33" NE
d) R = 36°10'16" SE
e) R = 48º20'30"NW
f) R = 58º10'35"NW
g) R = 18º23'22"SW
h) R = 74º28'53"NE
i) R = 87º18'50"SW
j) R = 84º29'53"SW
k) R = 4º26'48"SE
l) R = 72º27'55"SE
m) R = 76º20'30"NE

2. Transforme os azimutes abaixo em rumos:
a) Az = 33º41'02"
b) Az = 234º43'08"
c) Az = 23º48'07"
d) Az = 348º37'58"
e) Az = 147º33'22"
f) Az = 98º53'25"
g) Az = 126º57'54"
h) Az = 122º45'59"
i) Az = 287º32'56"
j) Az = 328º47'38"
k) Az = 352º23'43"
l) Az = 312º18'26"
m) Az = 197º49'21"

3. Após as leituras feitas em teodolito, calcule a distância horizontal entre o teodolito e o prédio.

FS = 3,548 m
FM = 2,144 m
FI = 0,740 m
AI = 1,523 m

$\alpha = 2°34'15''$

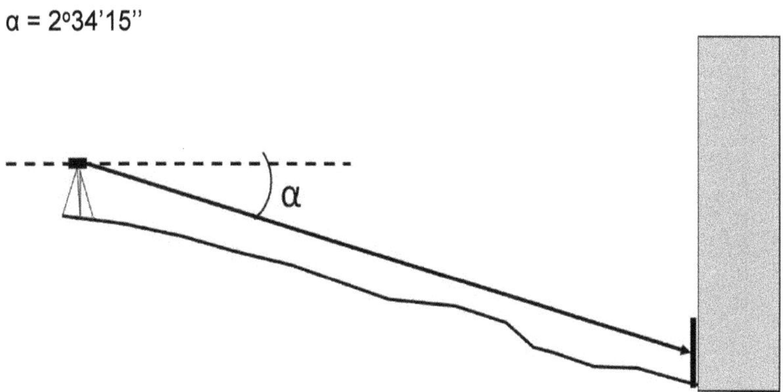

Figura 2.3.1.1. Posição do teodolito em relação ao prédio.

Resposta: 280,235 m

4. Calcule os azimutes das poligonais de acordo com os ângulos apresentados e determine suas coordenadas topográficas.
a)

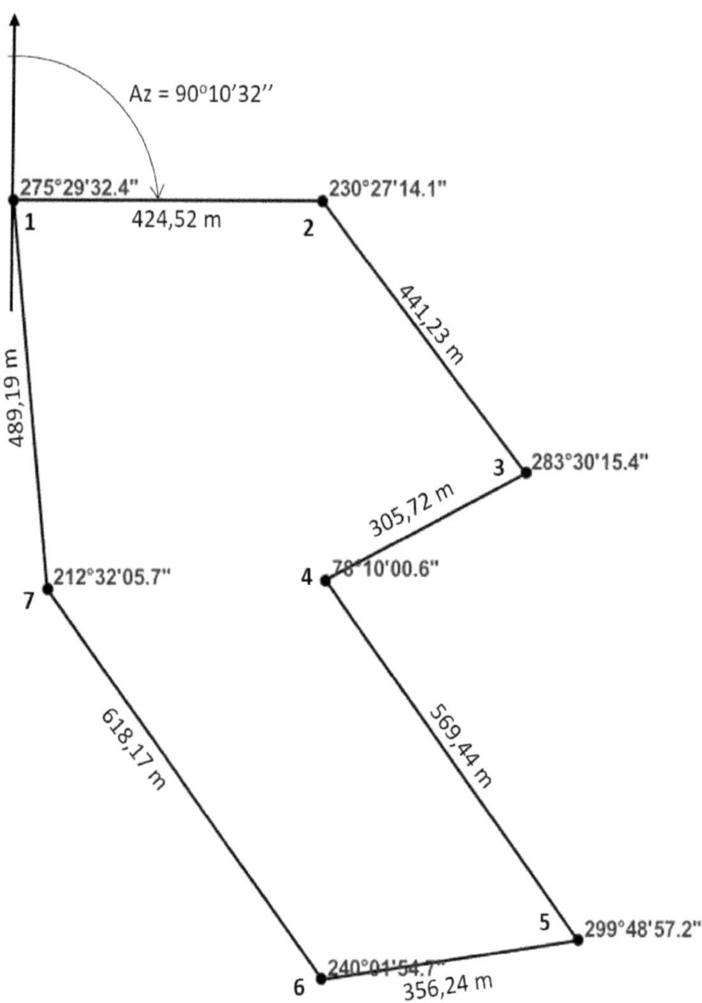

Figura 2.3.1.2. Poligonal com azimute do ponto A e ângulos externos.

b)

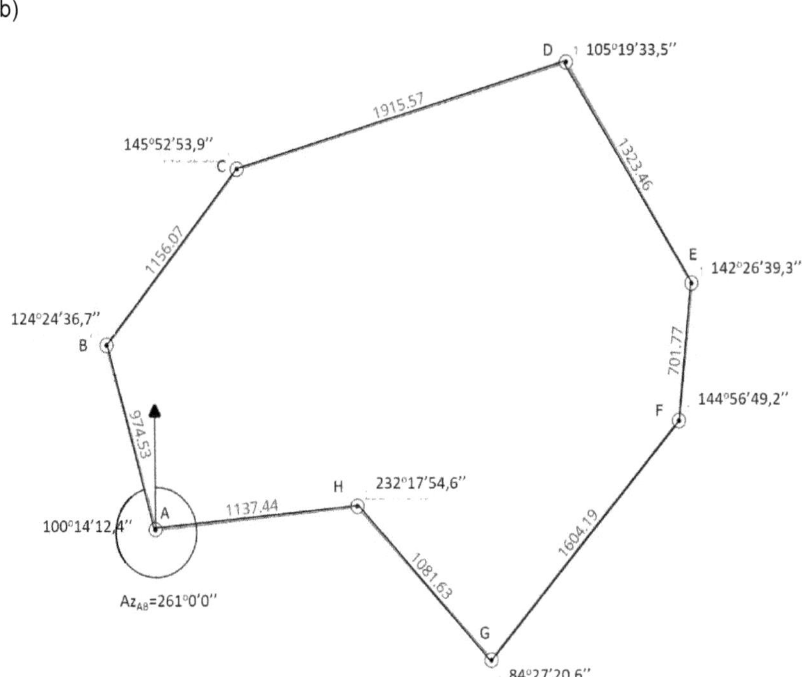

Figura 2.3.1.3. Poligonal com ângulos internos.

Az = 71o27'42"
88°26'13.3"
515.53
93°21'24.4"
744.52
488.43
262°36'06.1"
193.82
94°02'09
95°51'22.5"
274.47
726.53
85°42'44.6"

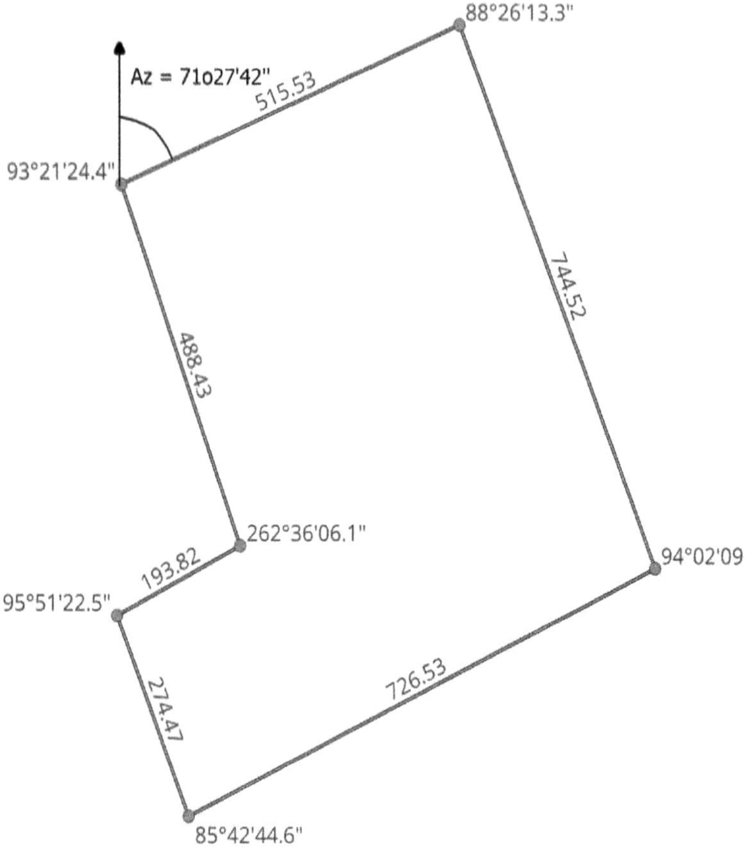

Figura 2.3.1.4. Poligonal com ângulos internos.

d)

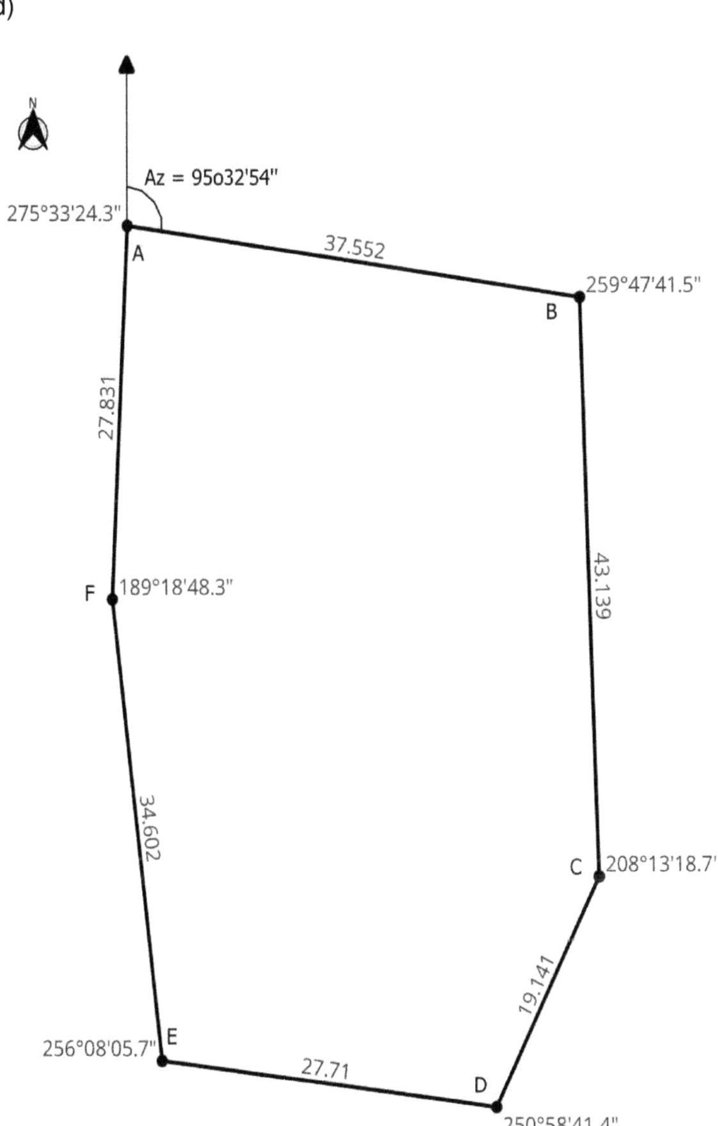

Figura 2.3.1.5. Poligonal com ângulos externos.

5. Calcule as distâncias horizontais (DH) a partir dos dados de campo apresentados na tabela abaixo. Hr – ângulo horizontal com crescimento para direita. Vz – ângulo zenital.

Tabela 2.3.1.1.

Estação	Ponto visado	AI	FS	FM	FI	Hr	Vz	DH
A	B	1,40	1,498	1,440	1,380	2°22'10"	90°	
B	C	1,48	1,415	1,300	1,200	272°26'30"	90°	
C	D	1,46	1,800	1,750	1,698	268°30'00"	90°	
D	A	1,51	1,605	1,500	1,400	261°07'00"	90°	

6. Calcule as distâncias horizontais de acordo com os dados obtidos em um caminhamento.

Estação	Ponto visado	AI	FS	FM	FI	Vz	DH (m)
A	B	1,4	2,498	2,048	1,598	70°20'32"	
B	C	1,48	1,815	1,465	1,115	68°15'38"	
C	D	1,46	1,800	1,570	1,340	98°56'25"	
D	E	1,51	2,605	2,235	1,865	122°27'41"	
E	F	1,47	1,800	1,550	1,300	88°26'32"	
F	G	1,45	1,975	1,825	1,675	110°21'32"	
G	H	1,52	1,500	1,000	0,500	124°32'42"	
H	I	1,43	2,423	1,773	1,123	131°45'54"	
I	J	1,45	2,541	2,291	2,041	85°31'58"	
J	A	1,51	3,100	2,750	2,400	76°39'58"	

Respostas:

Estação	Ponto visado	DH (m)
A	B	79,815
B	C	60,397
C	D	44,889
D	E	52,682
E	F	49,963

F	G	26,369
G	H	67,845
H	I	72,324
I	J	49,697
J	A	66,277

6. Faça o registro das medidas dos fios estadimétricos observados e apresentados nas figuras a seguir.

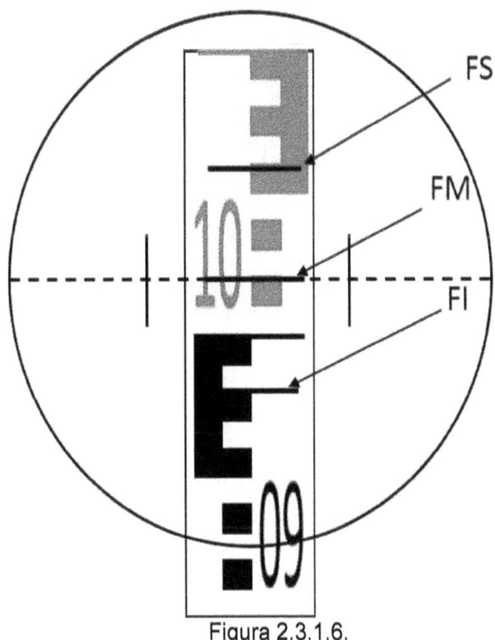

Figura 2.3.1.6.

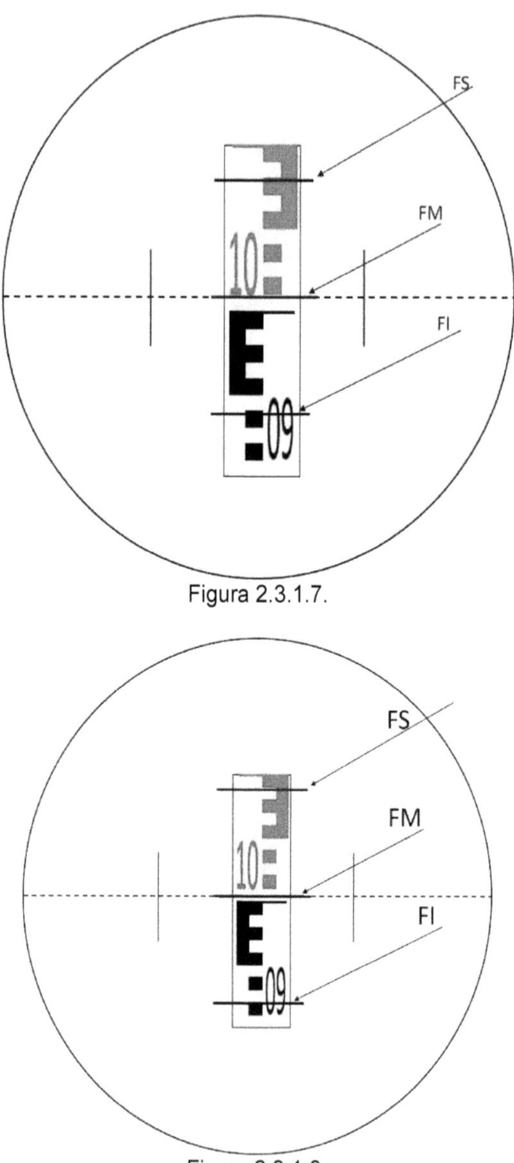

Figura 2.3.1.7.

Figura 2.3.1.8.

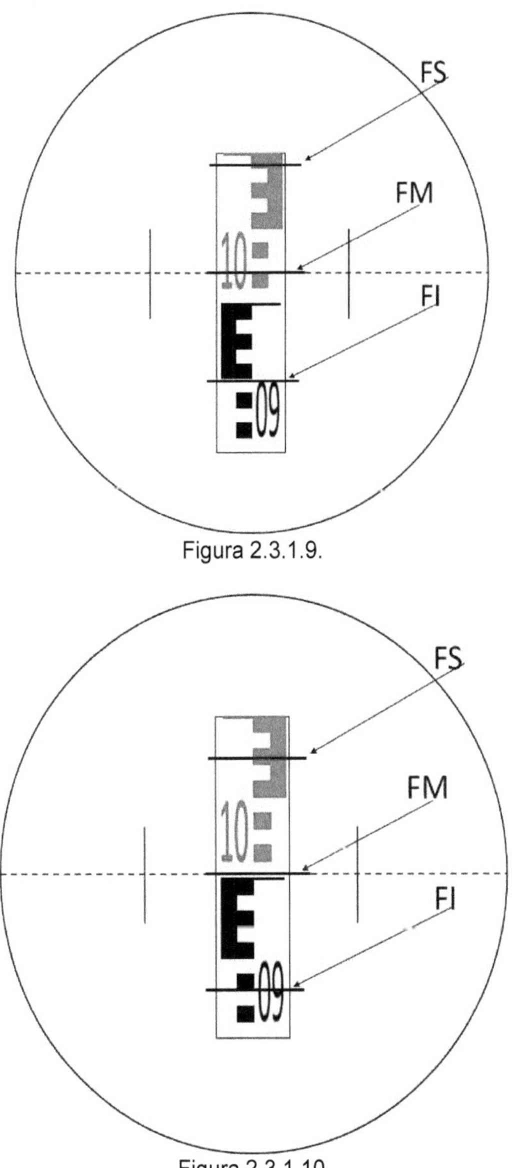

Figura 2.3.1.9.

Figura 2.3.1.10.

2.4 POLIGONAIS

O desenho planimétrico ou poligonal representa a projeção horizontal de um terreno produzido a partir de levantamento topográfico planimétrico. De acordo com a NBR 13133 o levantamento planimétrico é resultado do levantamento dos limites e confrontações de uma propriedade, pela determinação do seu perímetro, incluindo, quando houver, o alinhamento da via ou logradouro com o qual faça frente, bem como a sua orientação e a sua amarração a pontos materializados no terreno de uma rede de referência cadastral, ou, no caso de sua inexistência, a pontos notáveis e estáveis nas suas imediações. Quando este levantamento se destinar à identificação dominial do imóvel, são necessários outros elementos complementares, tais como: perícia técnico-judicial, memorial descritivo, etc.

A poligonal é uma sequência de lineamentos com vértices identificados por estacas cravadas no solo, onde são definidos os ângulos entre as linhas e as distâncias horizontais. Estas podem ser abertas, fechadas ou amarradas. Abertas são aquelas que não retornam ao ponto inicial com vértices definidos no campo. Fechadas são as que retornam ao ponto inicial. Amarradas são as poligonais com pontos de coordenadas já definidas em escritório antes do levantamento.

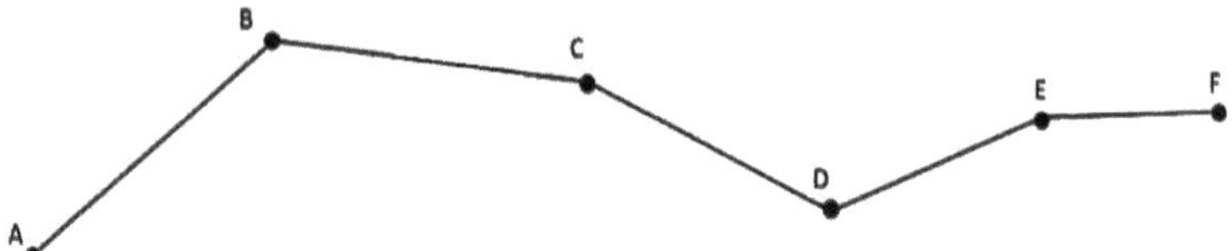

Figura 2.4.1. Poligonal aberta.

As poligonais fechadas e amarradas devem passar por tratamento para análise da tolerância e correções dos erros angulares e lineares. Se o levantamento apresentar erros acima da tolerância estabelecida, este deve ser refeito. Mas se estiver dentro dos limites estabelecidos devem passar por correção angular e linear para fechamento da poligonal.

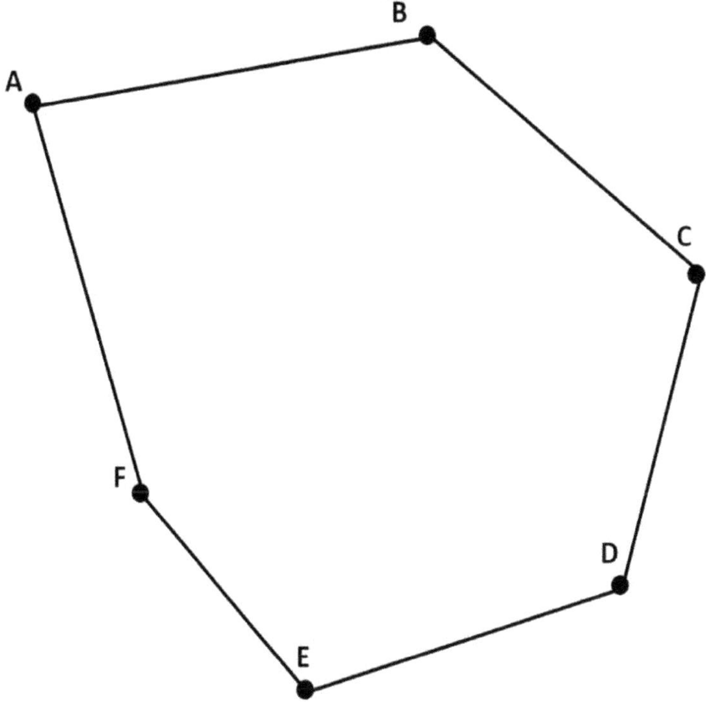

Figura 2.4.2. Poligonal fechada.

A NBR-13133 define os seguintes aspectos de levantamentos e os valores tolerantes para poligonais fechadas:

$$Tolerância\ angular = b.\sqrt{n}$$

$$Tolerância\ linear = d.\sqrt{L(km)}$$

Onde, *n* = número de lados da poligonal.
L = perímetro da poligonal.

Enquanto os valores dos fatores *b* e *d*, são estabelecidos de acordo com a classe de levantamento topográfico como descrito abaixo:

Classe IP - Adensamento da rede geodésica - (transporte de coordenadas).
b = 6''
d = 0,10 m/km

Classe IIP - Apoio topográfico para projetos básicos, e obras de engenharia.
b = 15''
d = 0,30 m/km

Classe IIIP - Adensamento do apoio topográfico para projetos básicos, executivos, como executado, e obras de engenharia.
b = 20''
d = 0,42 m/km

Classe IVP - Adensamento do apoio topográfico para poligonais IIIP. Levantamentos topográficos para estudos de viabilidade em projetos de engenharia.
b = 40''
d = 0,56 m/km

Classe VP - Levantamentos topográficos para estudos expeditos.
b = 180''
d = 2,20 m/km

Exemplo: Realize as correções angulares e lineares da área e determine as coordenadas topográficas de acordo com os dados da tabela abaixo.
Obs.: ângulos decimais são utilizados por facilitarem o trabalho no Excel.

Tabela 2.4.1. Dados de levantamento topográfico com azimute medido de A para B igual a 255,3333306°. Modificado de Borges (2013).

Linha	DH	Ângulo externo
A-B	58,08	258,1666694
B-C	51,54	205,5700000
C-D	48,95	250,8333306
D-E	51,75	228,5200000
E-F	82,61	248,8333333
F-A	56,20	248,1766667
TOTAL	**349,13**	**1440,1**

Resolução:
O serviço completo para este exemplo envolve:

a) Verificação do erro angular comparando com a tolerância.
b) Correção dos ângulos.
c) Cálculo dos azimutes
d) Coordenadas parciais
e) Verificação e correção do erro linear.
f) Cálculo das coordenadas topográficas definitivas.

Análise do erro angular

O erro angular é obtido a partir da comparação dos ângulos da poligonal com os ângulos de um polígono ideal com mesmo número de lados.

Assim, a soma dos ângulos externos de um polígono com seis lados, como é o caso da área em questão, é igual a:

Se = 180 x (n+2)
Se = 180 x (6+2) = 1440 graus

Comparando com o total dos ângulos externos medidos no levantamento topográfico (1440,1), percebe-se que o erro foi por excesso de 0,1 graus, equivalente a 0°6'0", seis minutos.

A tolerância angular é calculada de acordo com a expressão:

$$Tolerância\ angular = b.\sqrt{n}$$

Onde ***b*** depende da classe do levantamento topográfico e ***n*** é o número de lados da poligonal.

Neste caso será verificado o erro para a classe IVP e VP da NBR 13133.

Então, para a classe IVP, em que *b* = 40"., temos:

$$Tolerância\ angular = 40".\sqrt{6} = 0^{o}1'37{,}98"$$

Enquanto para a classe VP, onde *b* = 180":

$$Tolerância\ angular = 180".\sqrt{6} = 0^{o}7'20{,}91"$$

Desta forma, como o erro angular foi de 0º6'0'' (seis minutos), então este levantamento só passaria para a classe VP (Levantamentos topográficos para estudos expeditos). Sendo reprovado para a classe IVP por estar acima da tolerância calculada.

Correção angular

O erro de 0,1 deve ser dividido para remover o excesso dos ângulos externos apresentados:

Fator de correção angular = erro / n = 0,1 / 6 = 0,0166667

Onde, n é o número de lados da área.

Assim, faz-se a subtração do ângulo externo pelo fator de correção, obtendo a tabela a seguir com os ângulos externos corrigidos.

Tabela 2.4.2. Ângulos externos corrigidos.

Linha	**DH**	**Ang. Ext.**	**Ang. Ext. Corr.**
A-B	58,08	258,1666694	258,1500027
B-C	51,54	205,5700000	205,5533333
C-D	48,95	250,8333306	250,8166639
D-E	51,75	228,5200000	228,5033333
E-F	82,61	248,8333333	248,8166666
F-A	56,20	248,1766667	248,1600000
TOTAL	**349,13**	**1440,10**	**1440,00**

Cálculo dos azimutes

Após a correção dos ângulos externos podemos calcular os azimutes a partir do azimute obtido de A para B e das equações apresentadas.

$Az_{A\text{-}B} = 255,3333306°$

$Az_{B\text{-}C} = Az_{A\text{-}B} - Ang.Ext._{B\text{-}C} + 180$
$Az_{B\text{-}C} = 255,3333306 - 205,5533333 + 180$
$Az_{B\text{-}C} = 229,7799973$

Obs.: No último azimute a equação é modificada para:

$Az_{F\text{-}A} = Az_{E\text{-}F} + 180 + 360 - Ang.Ext._{F\text{-}A}$
$Az_{F\text{-}A} = 41,6433334 + 180 + 360 - 248,1600000$
$Az_{F\text{-}A} = 333,4833333$

Tabela 2.4.3. Azimutes calculados.

Linha	DH	Ang. Ext. Corr.	Az
A-B	58,08	258,1500027	255,3333306
B-C	51,54	205,5533333	229,7799973
C-D	48,95	250,8166639	158,9633333
D-E	51,75	228,5033333	110,4600000
E-F	82,61	248,8166666	41,6433334
F-A	56,20	248,1600000	333,4833333
TOTAL	**349,13**	**1440,00**	

Coordenadas parciais

As coordenadas parciais correspondem as distancias nos eixos de X e Y com a poligonal em um plano cartesiano, permitindo a criação das coordenadas topográficas.

Analisando dois pontos da poligonal em um triângulo retângulo no plano cartesiano como apresenta a figura abaixo, obtemos as equações para o cálculo de ΔX e ΔY, denominadas coordenadas parciais.

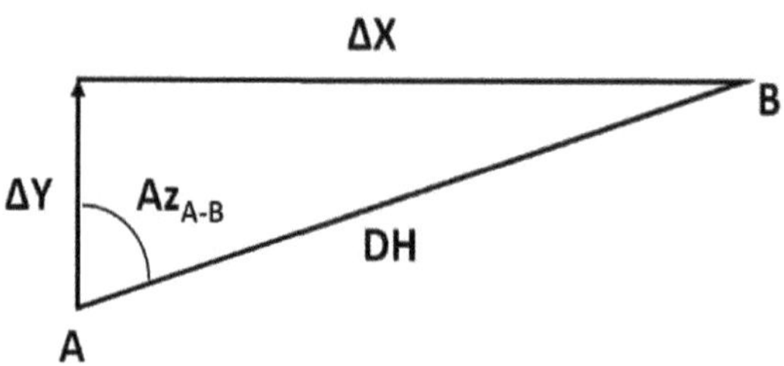

Figura 2.4.3.

$\Delta X = DH_{A\text{-}B}.\ \text{sen}\ Az_{A\text{-}B}$
$\Delta Y = DH_{A\text{-}B}.\ \cos Az_{A\text{-}B}$

Obtendo a tabela 2.4.4., onde podemos observar os erros lineares de na soma ao final da coluna das coordenadas parciais.

e_x = 0,31757667
e_y = 0,25899388

Tabela 2.4.4. Coordenadas parciais calculadas.

Linha	DH	Ang. Ext. Corr.	Az	ΔX parcial	ΔY parcial
A-B	58,08	258,1500027	255,3333306	-56,187475	-14,705578
B-C	51,54	205,5533333	229,7799973	-39,354431	-33,28063
C-D	48,95	250,8166639	158,9633333	17,5713526	-45,687526
D-E	51,75	228,5033333	110,4600000	48,4854264	-18,089387
E-F	82,61	248,8166666	41,6433334	54,8936502	61,7341013
F-A	56,20	248,1600000	333,4833333	-25,090946	50,2880146
TOTAL	**349,13**	**1440,00**		**0,31757667**	**0,25899388**

Os erros e_x e e_y apresentam o erro de fechamento (E_f) através da análise demonstrada na figura, em que E_f é a hipotenusa do triângulo. Na figura 2.4.2. os pontos do vértice do triângulo representam os pontos finais que não coincidiram para o fechamento da poligonal.

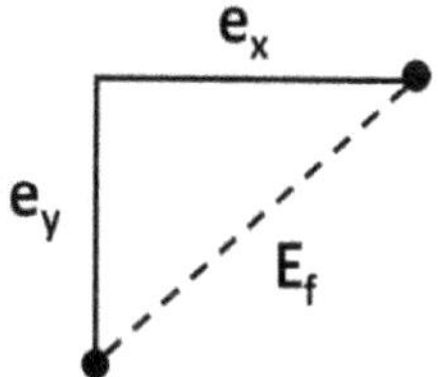

Figura 2.4.4. Análise do erro de fechamento da poligonal.

O cálculo de E_f permite a determinação do erro relativo E_r, como é apresentado em seguida.

$$E_f = \sqrt{(0{,}318)^2 + (0{,}259)^2}$$

$$E_f = 0{,}410$$

Assim, o erro relativo (E_r), será:

$$E_r = \frac{E_f}{P}$$

Onde, P é o perímetro, equivalente a 349,13, apresentado na soma da coluna de DH.

Então:

$$E_r = \frac{0{,}410}{349{,}13} = \frac{1}{851{,}53}$$

Equivalente ao erro de 1 m a cada 851 m medidos no terreno, representando um valor muito elevado. Onde a tolerância é de aproximadamente um erro de 1 m a cada 1000 m medidos, ou seja, 1/1000. Portanto, para este critério este levantamento não seria aceitável. Entretanto, considerando trabalhos com tolerâncias maiores como é o caso de levamentos com bússolas e trenas com tolerância de 1/500, o levantamento em questão está aceitável.
Utilizando o método para definição da tolerância linear de acordo com a NBR-13133:

$$Tolerância\ linear = d.\sqrt{L(km)}$$

Onde L = P = perímetro.

Sendo d = 0,56 m/km para a classe IVP e a tolerância calculada como segue:

Classe IVP

$$Tolerância\ linear = 0{,}56.\sqrt{0{,}34913}$$

$$Tolerância\ linear = 0{,}331$$

Sendo reprovado para esta classe pois o erro de fechamento foi de 0,410.

Agora, analisando para a classe VP, temos:

Classe VP

$$Tolerância\ linear = 2{,}20.\sqrt{0{,}34913}$$

$$Tolerância\ linear = 1{,}299$$

Sendo aprovado para este tipo de levantamento pois o erro de fechamento ficou abaixo da tolerância para erro linear.

Coordenadas topográficas definitivas

Assim, a correção linear é realizada para os eixos X e Y, através das expressões:

$$Cx_{A-B} = \frac{e_x}{P}.DH_{A-B}$$

$$Cy_{A-B} = \frac{e_y}{P}.DH_{A-B}$$

Onde, *Cx* é a correção no eixo de X e *Cy* a correção no eixo de Y, como podemos ver no cálculo da primeira linha:

$$Cx_{A-B} = \frac{0{,}318}{349{,}13}.58{,}08$$

$$Cx_{A-B} = 0{,}053$$

$$Cy_{A-B} = \frac{0{,}259}{349{,}13}.58{,}08$$

$$Cy_{A-B} = 0{,}043$$

Assim, são preenchidas as colunas de Cx e Cy na tabela 2.4.5, com sinal inverso ao dos erros e_x e e_y para que seja feita a correção.
As coordenadas parciais corrigidas são então calculadas de acordo com os exemplos abaixo para a primeira linha:

ΔXc = ΔX + Cx
ΔXc = -56,187 + (-0,053)
ΔXc = -56,240

$\Delta Yc = \Delta Y + Cy$
$\Delta Xc = -14{,}706 + (-0{,}043)$
$\Delta Xc = -14{,}749$

Obtendo assim na tabela 2.4.5. as coordenadas parciais corrigidas.

Tabela 2.4.5. Coordenadas parciais corrigidas.

LINHA	DH	Az	ΔX parcial	ΔY parcial	Cx	Cy	ΔXc	ΔYc
A-B	58,08	255,3333306	-56,187	-14,706	-0,053	-0,043	-56,240	-14,749
B-C	51,54	229,7799973	-39,354	-33,281	-0,047	-0,038	-39,401	-33,319
C-D	48,95	158,9633333	17,571	-45,688	-0,045	-0,036	17,527	-45,724
D-E	51,75	110,4600000	48,485	-18,089	-0,047	-0,038	48,438	-18,128
E-F	82,61	41,6433334	54,894	61,734	-0,075	-0,061	54,819	61,673
F-A	56,20	333,4833333	-25,091	50,288	-0,051	-0,042	-25,142	50,246
	349,13		**0,318**	**0,259**				

As coordenadas definitivas corrigidas são obtidas a partir da determinação arbitrária de uma coordenada do ponto inicial. Definindo um valor desta que evite coordenadas com sinais negativos, o que pode ser calculado observando os valores dos segmentos obtidos de campo. Como os segmentos apresentados não possuem valores maiores que 100 m, então foi escolhido para este exemplo as coordenadas do ponto A como sendo X = 200, e Y = 200.

As demais coordenadas são obtidas a partir da soma desta com o segmento até o próximo ponto, como podemos ver no cálculo das coordenadas do ponto B.

$X_B = X_A + \Delta Xc_{A\text{-}B}$
$X_B = 200 + (-56{,}240)$
$X_B = 143{,}76$

$Y_B = Y_A + \Delta Yc_{A\text{-}B}$
$Y_B = 200 + (-14{,}749)$
$Y_B = 185{,}25$

Desta maneira é produzida a tabela 2.4.6. com as coordenadas topográficas definitivas e a poligonal a partir da plotagem dos pontos em um plano cartesiano (figura 2.4.3).

Tabela 2.4.6. Coordenadas definitivas da poligonal.

PONTO	X	Y
A	200,00	200,00
B	143,76	185,25
C	104,36	151,93
D	121,89	106,21
E	170,32	88,08
F	225,14	149,75

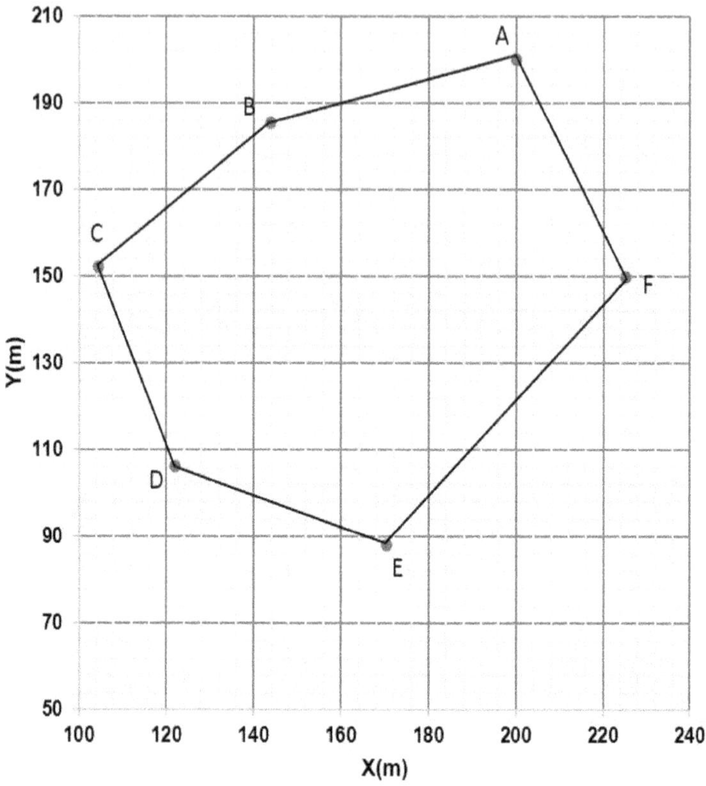

Figura 2.4.5. Área da poligonal com ângulos e distâncias corrigidas.

2.5 CÁLCULO DE ÁREAS

A área do terreno pode ser calculada através de diversos métodos como o gráfico, mecânico, analítico e o computacional.

O **método gráfico** consiste na subdivisão do polígono em triângulos, trapézios ou quadrículas. Seguido do cálculo da área destas figuras menores e a soma de todas para alcançar a área total do terreno.

Exemplo 2.5.1. A figura a seguir apresenta uma área delimitada pelo polígono para ser determinada através das quadrículas.

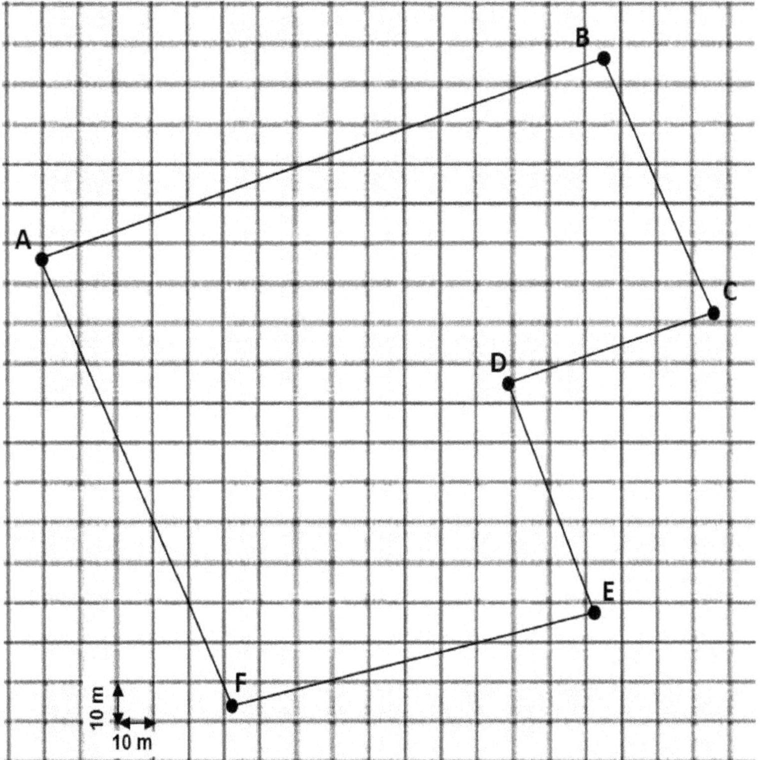

Figura 2.5.1. Medida de área através de quadrículas. Cada quadrícula equivale a 100 m².

Resolução:

São contadas as quadrículas, onde as inteiras equivalem a 100 m², enquanto aquelas com apenas uma parte dentro da área correspondem a metade, 50 m².

Assim, temos:

144 quadrículas inteiras = 144 x 100 = 14.400 m².

62 quadriculas não completas = 62 x 50 = 3.100 m².

Área total = 14.400 + 3.100 = 17.500 m².

Equivalente a 1,75 hectares.

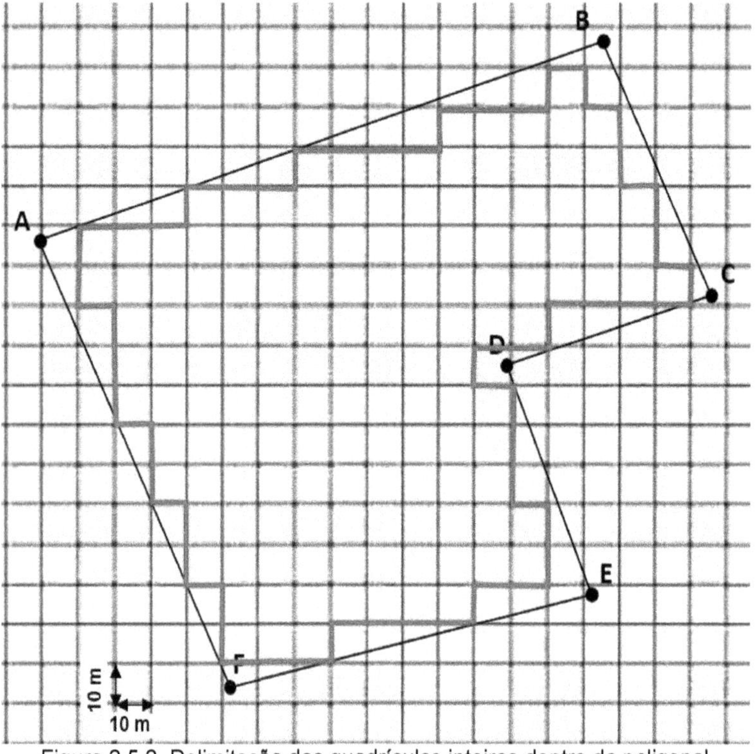

Figura 2.5.2. Delimitação das quadrículas inteiras dentro da poligonal.

Exemplo 2.5.2. A figura a seguir apresenta uma área delimitada pelo polígono para ser calculada através da subdivisão em triângulos.

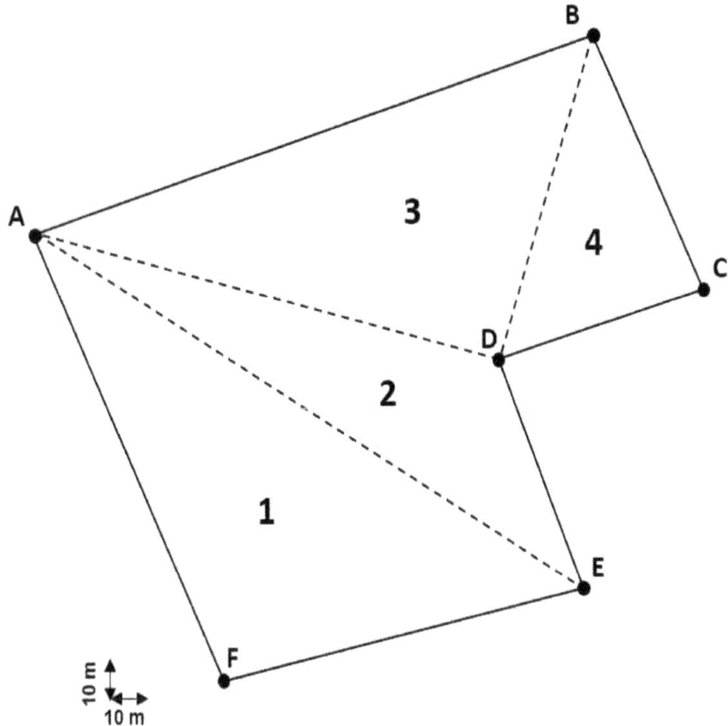

Figura 2.5.3. Medida de área através do uso de triângulos.

Resolução:

Neste caso deve ser medida a área de cada triângulo através da Fórmula de Heron, que utiliza os comprimentos das arestas. Os cálculos devem ser feitos como apresenta a figura e as equações abaixo para um triângulo qualquer.

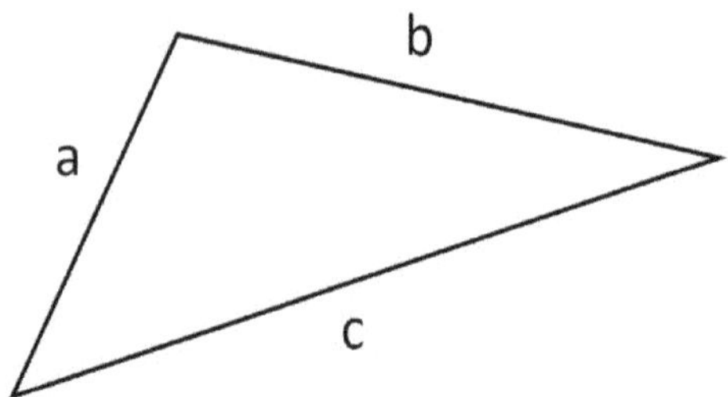

Figura 2.5.4.

$$p = \frac{a + b + c}{2}$$

$$Área = \sqrt{p.(p - a).(p - b).(p - c)}$$

Onde, p = semiperímetro
Enquanto a, b e c são os lados do triângulo.

Assim, com as medidas laterais apresentadas na figura abaixo, podemos fazer os cálculos dos triângulos.

Triângulo 1

$$p = \frac{8{,}9 + 5{,}2 + 6{,}2}{2}$$

$$p = 10{,}15$$

$$Área = \sqrt{10{,}15.(10{,}15 - 8{,}9).(10{,}15 - 5{,}2).(10{,}15 - 6{,}2)}$$

$$Área = 15{,}750$$

Triângulo 2

$$p = \frac{6{,}7 + 3{,}1 + 8{,}9}{2}$$

$$p = 9{,}35$$

$$Área = \sqrt{9{,}35.(9{,}35 - 6{,}7).(9{,}35 - 3{,}1).(9{,}35 - 8{,}9)}$$

$$Área = 8{,}347$$

Triângulo 3

$$p = \frac{8{,}2 + 4{,}3 + 6{,}7}{2}$$

$$p = 9{,}6$$

$$Área = \sqrt{9{,}6.(9{,}6 - 8{,}2).(9{,}6 - 4{,}3).(9{,}6 - 6{,}7)}$$

$$Área = 14{,}372$$

Triângulo 4

$$p = \frac{4{,}3 + 3{,}6 + 3{,}0}{2}$$

$$p = 5{,}45$$

$$Área = \sqrt{5{,}45.(5{,}45 - 4{,}3).(5{,}45 - 3{,}6).(5{,}45 - 3{,}0)}$$

$$Área = 5{,}329$$

Área total = triângulo 1 + triângulo 2 + triângulo 3 + triângulo 4
Área total = 15,750 + 8,347 + 14,372 + 5,329
Área total = 43,798 u^2

Sabendo que a unidade medida no papel neste exemplo (u) equivale a 20m no terreno, temos:

Área = 43,798 $(20\ m)^2$
Área = 17.519,20 m^2

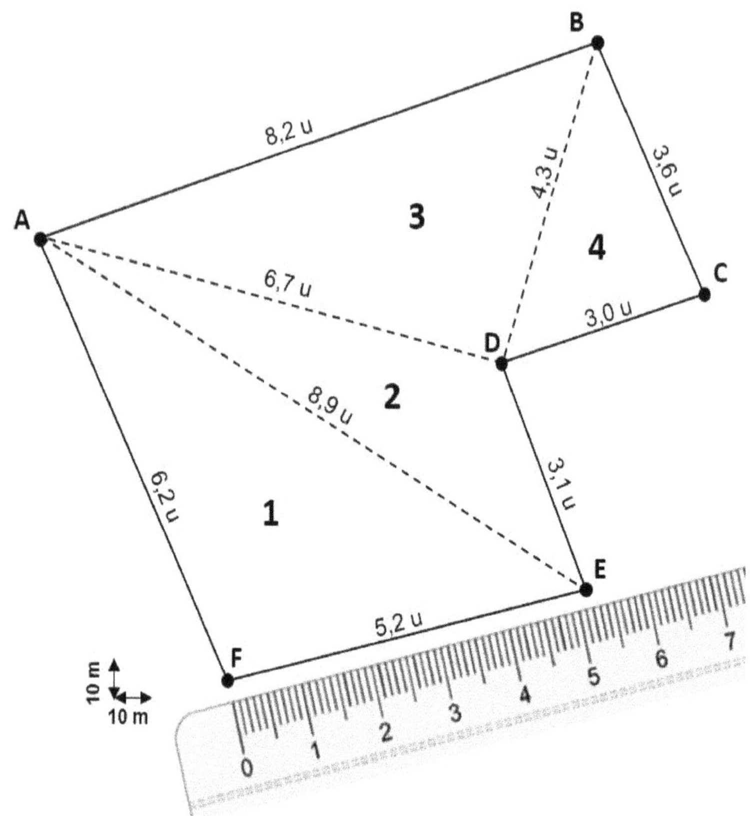

Figura 2.5.5. Área com as medidas dos lados dos triângulos.

O **método mecânico** pode ser exemplificado pelo uso do planímetro, equipamento inventado pelo matemático Jakob Amsler Laffon, em 1854. Um dispositivo que calcula a área através do percurso de uma agulha sobre o perímetro da área a ser medida. Nos modelos digitais é definida a escala da carta topográfica no aparelho e em seguida é feito o percurso com a lupa sobre o perímetro, auxiliada por um alvo no centro da lupa que deve manter-se sobre a linha da área. Ao final do percurso o cálculo da área é apresentado no display do equipamento.

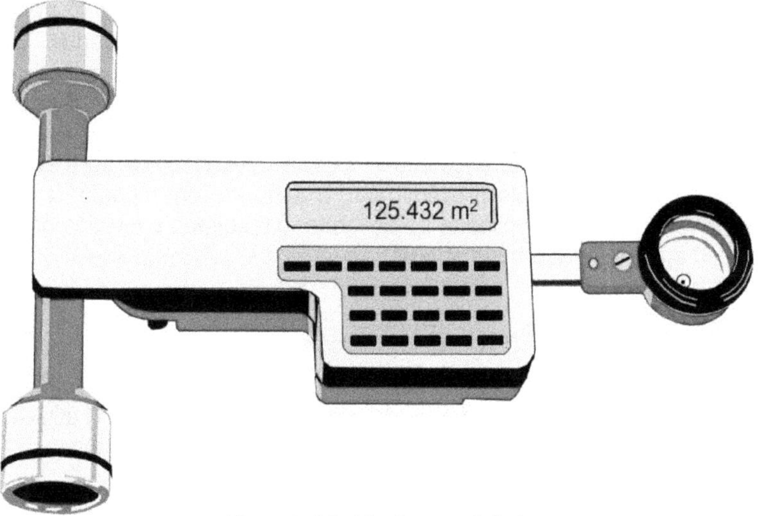

Figura 2.5.6. Planímetro digital.

Figura 2.5.7. Uso do planímetro para determinação da área de uma poligonal. As setas indicam o sentido do percurso.

O **método analítico** pode ser representado pelo método de Gauss. Através deste método as coordenadas métricas devem ser agrupadas em colunas X e Y em ordem, repetindo o primeiro ponto no final da coluna. Efetua-se a multiplicação da coluna X pelas coordenadas da coluna Y como demonstra a tabela a seguir. Os resultados são somados, formado um total que será a soma de $X_n.Y_{n+1}$. Em seguida repete-se o procedimento para a coluna Y como demonstra a tabela 2.5.3 obtendo-se a soma de $Y_n.X_{n+1}$. Após estes resultados é feita a diferença entre os totais obtidos, onde, para evitar resultar negativos, este procedimento é realizado em módulo. Como este valor é a área duplicada do polígono, o resultado é dividido por 2 como apresenta a fórmula abaixo.

$$Área = \frac{(X_n.Y_{n+1} - Y_n.X_{n+1})}{2}$$

Exemplo 2.5.1. Cálculo da área de um polígono (figura 2.5.1) através do Método de Gauss.

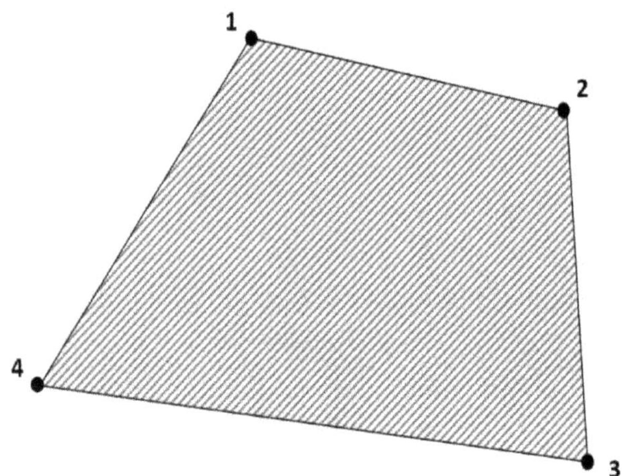

Figura 2.5.8. Poligonal topográfica.

Tabela 2.5.1. Coordenadas topográficas da poligonal apresentada acima.

PONTOS	X	Y
1	4110,938	1912,626
2	4210,838	1908,166

3	4214,013	1788,208
4	4009,691	1801,951
1	4110,938	1912,626

Tabela 2.5.2.

PONTOS	X	Y
1	4110,94	1912,63
2	4210,84	1908,17
3	4214,01	1788,21
4	4009,69	1801,95
1	4110,94	1912,63

Tabela 2.5.3.

PONTOS	X	Y
1	4110,94	1912,63
2	4210,84	1908,17
3	4214,01	1788,21
4	4009,69	1801,95
1	4110,94	1912,63

Tabela 2.5.4. Resultados das multiplicações e somatória das colunas.

	$X_n.Y_{n+1}$	$Y_n.X_{n+1}$
	7844352,12	8053758,241
	7529854,198	8041036,33
	7593444,939	7170161,524
	7669039,259	7407708,84
TOTAL	**30636690,52**	**30672664,93**

$$Área = \left|\frac{30636690,52 - 30672664,93}{2}\right|$$

Área = **17.987,209 m²**

O **método computacional**, o mais usado atualmente, é calculado pelo software após a determinação da área ou através das ferramentas de cada programa. No AutoCad o valor aparece na parte inferior da tela após a criação dos vértices, enquanto no QGIS o valor da área pode ser acessado através da ferramenta **informação** com um click sobre a figura.

Como exemplo temos a determinação de uma poligonal feita no QGIS apresentada na figura abaixo. Nela podemos ver a área da figura e ao lado as informações referentes a este objeto vetorial. Na figura seguinte, em uma ampliação das informações podemos ver que o software apresenta, além do o valor da área no plano bidimensional cartesiano, o valor da área projetada sobre a superfície curva do elipsoide de referência.

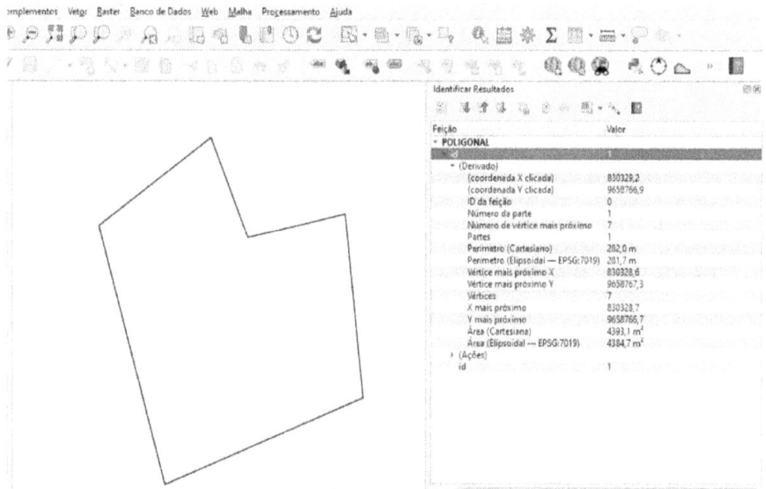

Figura 2.5.9. Área delimitada no QGIS.

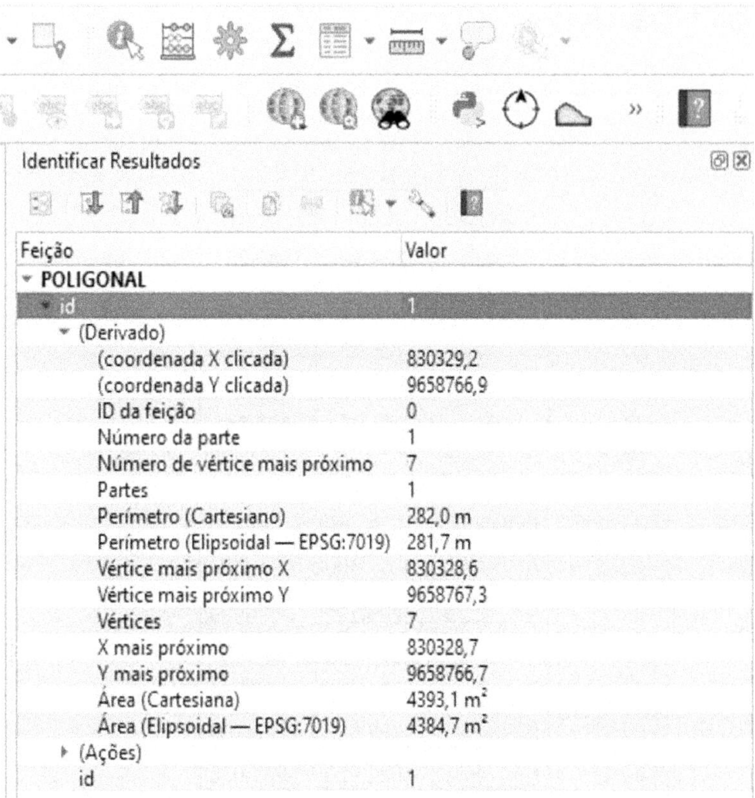

Figura 2.5.10. Informação da área apresentada na figura anterior.

2.5.1 Exercício

1. Calcule a área dos polígonos a partir das coordenadas dos vértices apresentados.

a)

Tabela 2.5.1.1.

PONTOS	X (m)	Y (m)
1	224,19	589,25
2	320,05	560,22
3	332,82	445,17
4	220,03	415,32
5	246,67	503,04

b)

Tabela 2.5.1.2.

PONTOS	X (m)	Y (m)
A	400	400
B	554,168	531,652
C	724,729	288,968
D	631,074	226,384
E	592,698	275,703
F	522,923	221,038

Resposta: 52.531,68 m^2

c)

tabela 2.5.1.3.

PONTOS	X	Y
A	400	400
B	625	432
C	676	418
D	682	322
E	531	317
F	439	330

Resposta: 25.253,5 m²

2. Calcule as áreas das poligonais através dos triângulos

a)

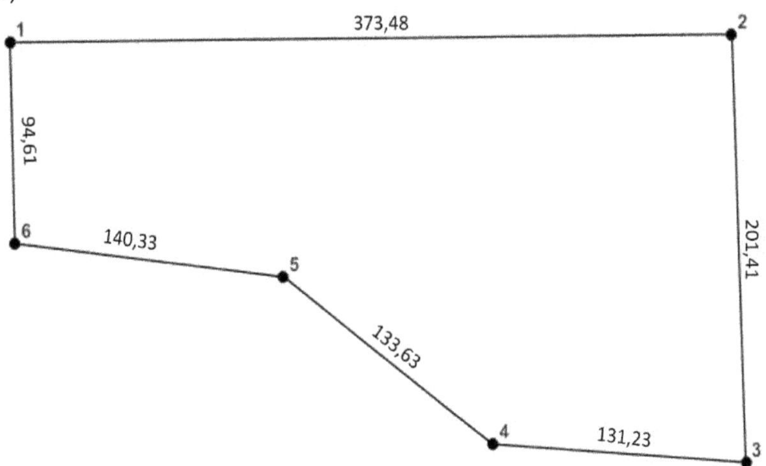

Figura 2.5.1.1. Poligonal com distâncias em metros.

Resposta: 5,58 ha

b)

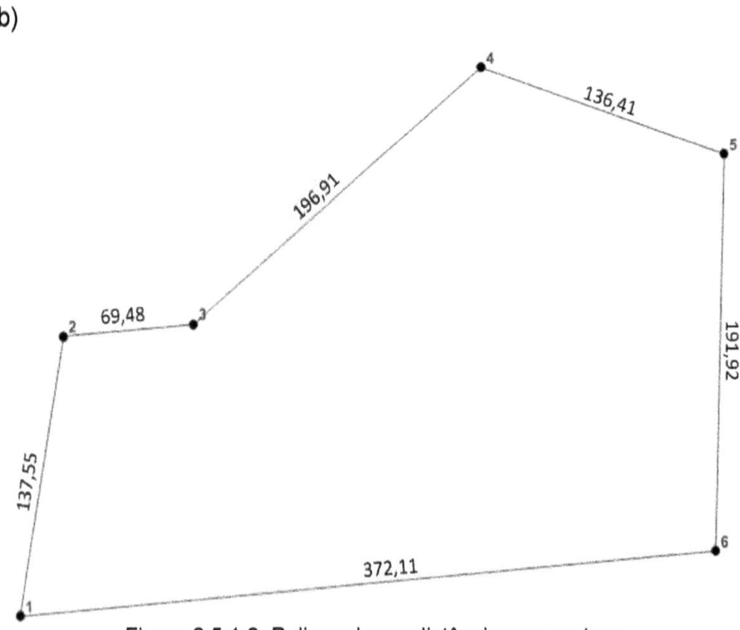

Figura 2.5.1.2. Poligonal com distâncias em metros.

Resposta: 6,75 ha

c)

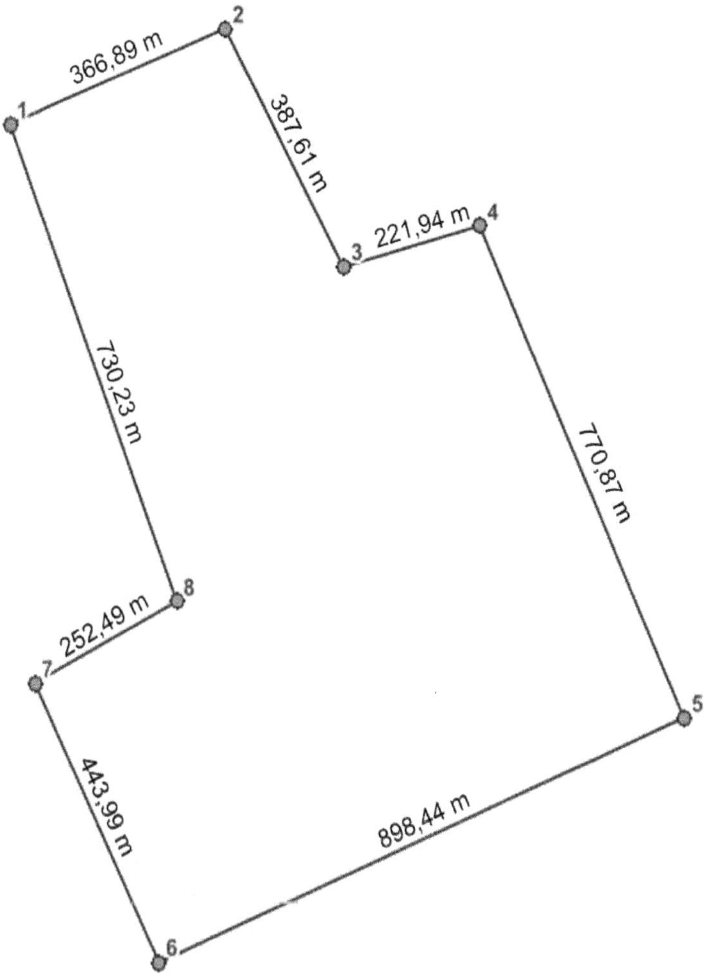

Figura 2.5.1.3.

Resposta: 78,302 ha

d)

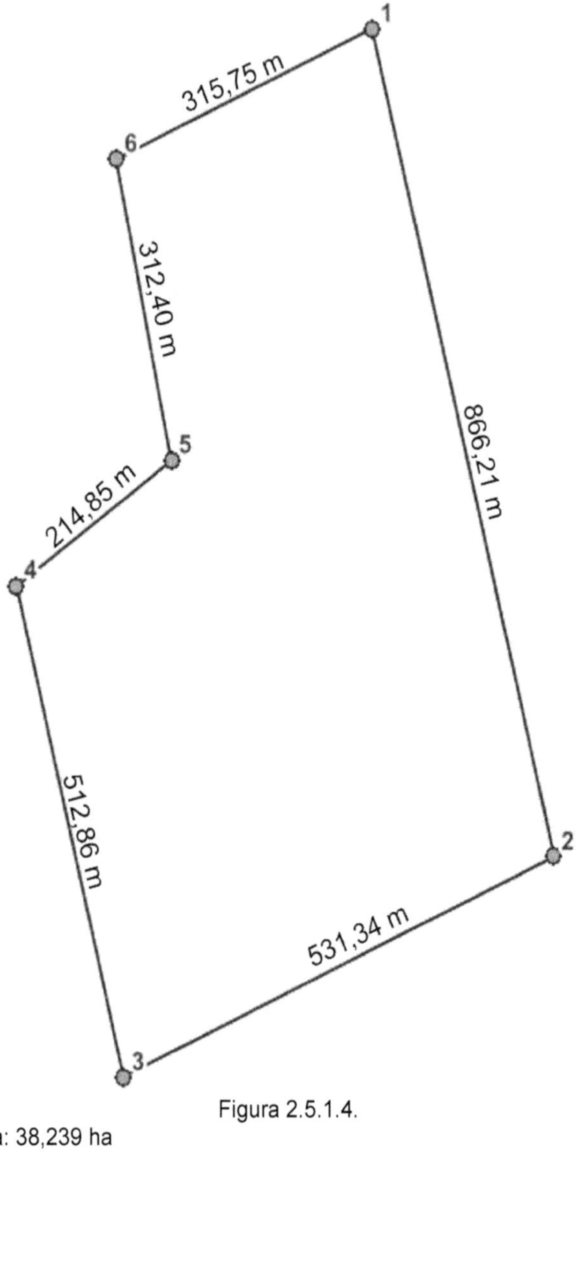

Figura 2.5.1.4.

Resposta: 38,239 ha

2.6 ESCALAS

A escala é um elemento cartográfico que permite medir as dimensões dos elementos apresentados nas cartas topográficas. Podem ser gráficas ou numéricas como mostra a figura 2.4.3. A escala numérica apresenta a distância no terreno em relação ao mapa apenas por símbolos numéricos, onde o número 1 corresponde a este valor em centímetro no papel. Enquanto o valor 50000 na figura abaixo significa este valor em centímetros no terreno.

Tabela 2.5.1. Principais escalas usadas em topografia.

Aplicação	**Escala**
Detalhes de terrenos urbanos	1:50
Planta de pequenos lotes e edifícios	1:100 e 1:200
Planta de arruamentos e loteamentos urbanos	1:500 e 1:1000
Planta de propriedades rurais	1:1000, 1:2000 e 1:5000
Planta cadastral de cidades e grandes propriedades rurais ou industriais	1:5000, 1:10 000 e 1:25 000
Cartas de municípios	1:50 000, 1:100 000
Mapas de estados, países, continentes, etc.	1:200 000, 1:10 000 000

A escala gráfica apresenta a relação das dimensões apresentadas na carta através de distâncias representadas em seguimentos chamados talões e seu correspondente do terreno em metros ou quilômetros descritos.

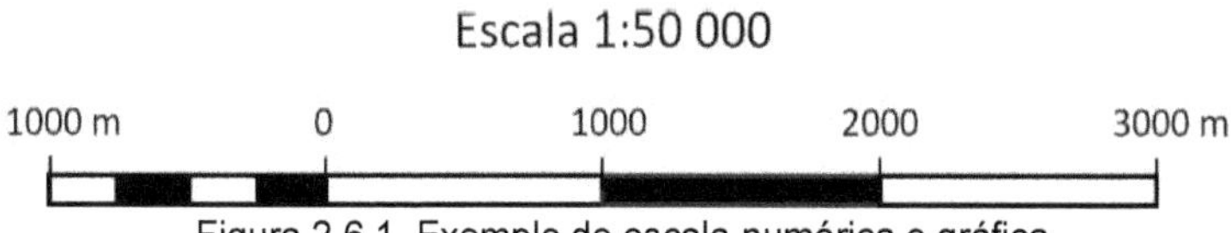

Figura 2.6.1. Exemplo de escala numérica e gráfica.

Um problema comum com relação a escala ocorre após a ampliação ou redução do tamanho da carta por reimpressão.

Especialmente quando a mesma não possuir escala gráfica. Pois a escala numérica indica 1 cm no papel apenas para as dimensões em que foi editado. Assim, para evitar estes problemas pode-se usar a equação abaixo para determinação real da escala.

D = N.d

Onde, D = distância no terreno.
N = denominador da escala.
d = distância no papel.

Exemplo 2.6.1. Após a impressão de parte de uma carta topográfica, observou-se que houve uma ampliação. Um trecho de uma estrada que apresentava na escala original, 1:25000, exatamente 7 cm, ficou com 12,5 cm. Qual a nova escala do mapa impresso?

Resolução: Encontrando a distância no terreno do trecho da estrada utilizando a escala antiga, temos:

D = N.d = 25000x7 = 175000

Agora, pode-se definir o denominador da nova escala a partir da distância no terreno e a distância no papel após a ampliação do trecho analisado.

N = D/d = 175000/12,5 = 14000

Assim, a nova escala será 1:14000.

2.7 EXERCÍCIO

1. Medindo-se uma distância em uma carta topográfica, encontrou-se 22 cm. Se a escala da carta é 1:50000, qual seria esta distância no terreno em quilômetros?

Resposta: 11 km

2. Em um mapa geográfico antigo, cuja escala apagada não permite a leitura, mediu-se a distância entre duas cidades, encontrando o valor de 30 cm. Sabendo que a distância no terreno entre estas cidades é de 270 km em linha reta, pergunta-se: qual era a verdadeira escala do mapa?

Resposta: 1:900.000

3. Ao demarcar-se uma área de forma quadrada com 15.625 km^2, sobre um mapa na escala 1:1.250.000, busca-se saber: qual será o valor de cada lado do quadrado desenhado no mapa?

Resposta: 10 cm.

4. Realize a correção angular, linear, calcule as coordenadas topográficas, a área e desenhe as poligonais apresentadas nas tabelas abaixo.

a) ÁREA 1

Tabela 2.6.1. Levantamento planimétrico da área 1.

LINHA	DH	Az	Ang. Externo
AB	203,36	215,2083333	245,2992497
BC	343,22		260,6691336
CD	144,09		250,290688
DE	222,33		249,458453
EF	127,88		217,857045
FA	153,6		216,5325901

b) ÁREA 2

Tabela 2.6.2. Levantamento planimétrico da área 2.

LINHA	DH	Az	Ang. Externo
AB	504,86	253,8605556	262,2633411
BC	135,15		224,2776863
CD	309,43		238,2404298
DE	149,67		254,084447
EF	252,13		94,6025633
FG	482,14		292,4507071
GA	464,81		254,0414251

Respostas:

a)Área 1 = 95.806 m²

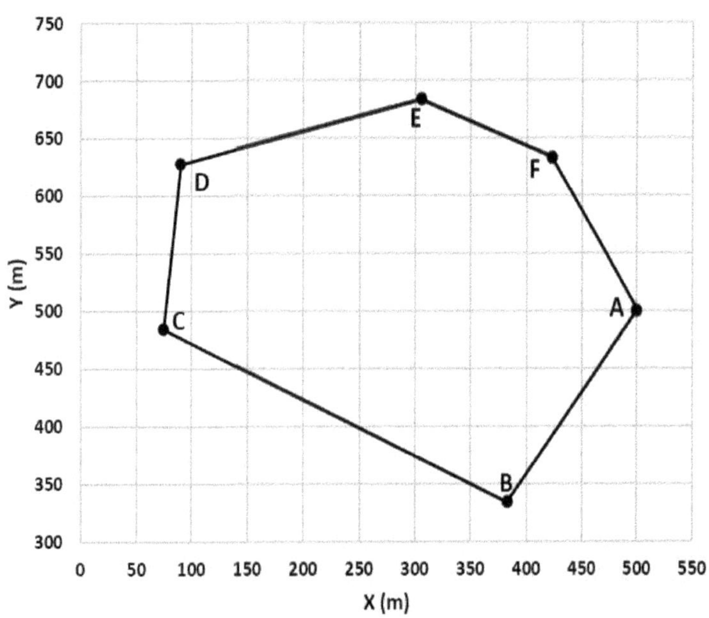

Figura 2.7.1. Poligonal fechada da área 1.

b)Área 2 = 306.933 m²

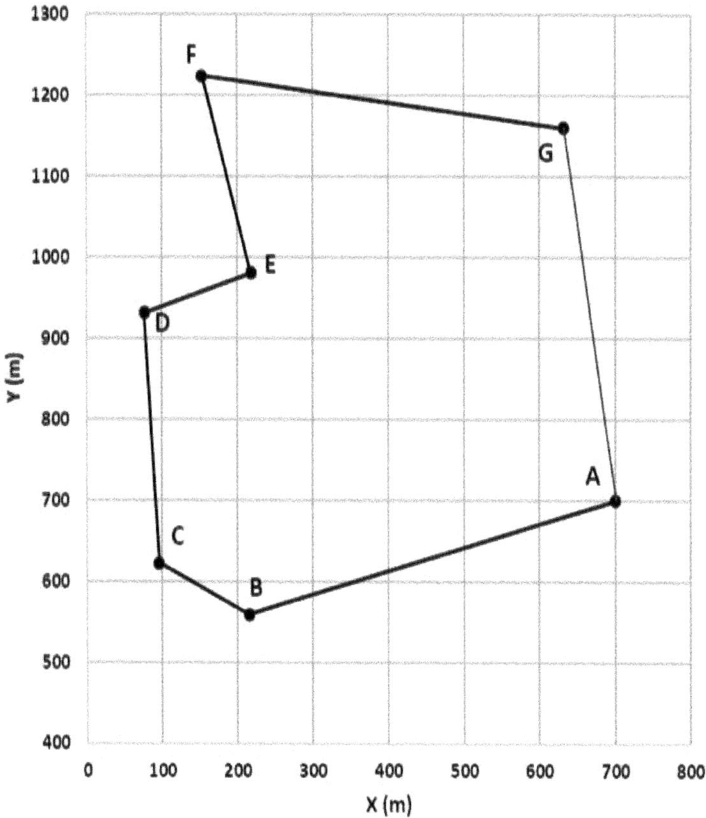

Figura 2.7.2. Poligonal fechada da área 2.

1. Calcule os azimutes da poligonal aberta.

a)

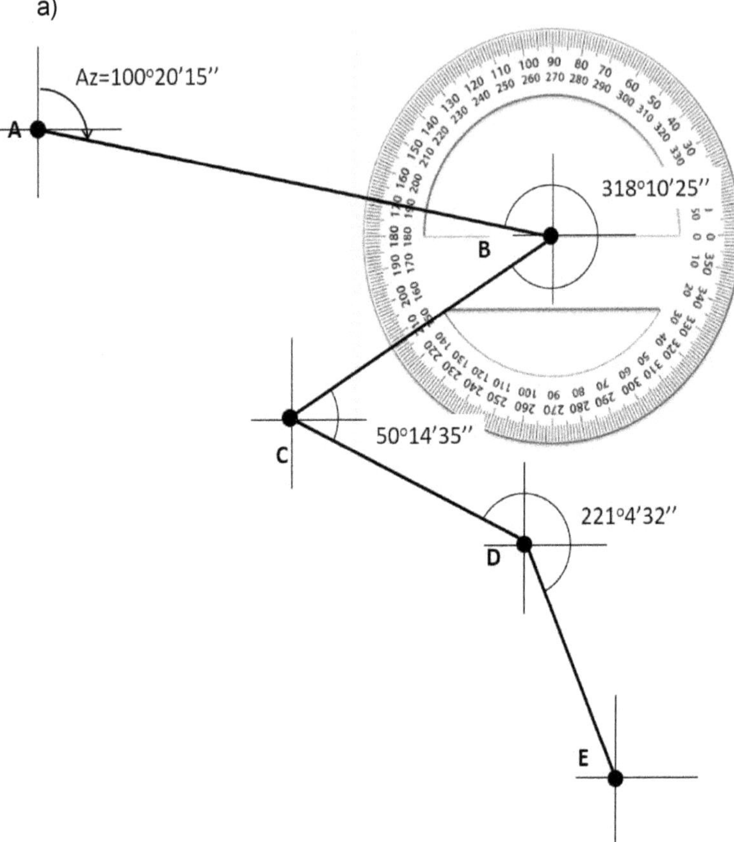

Figura 2.7.3.

b)

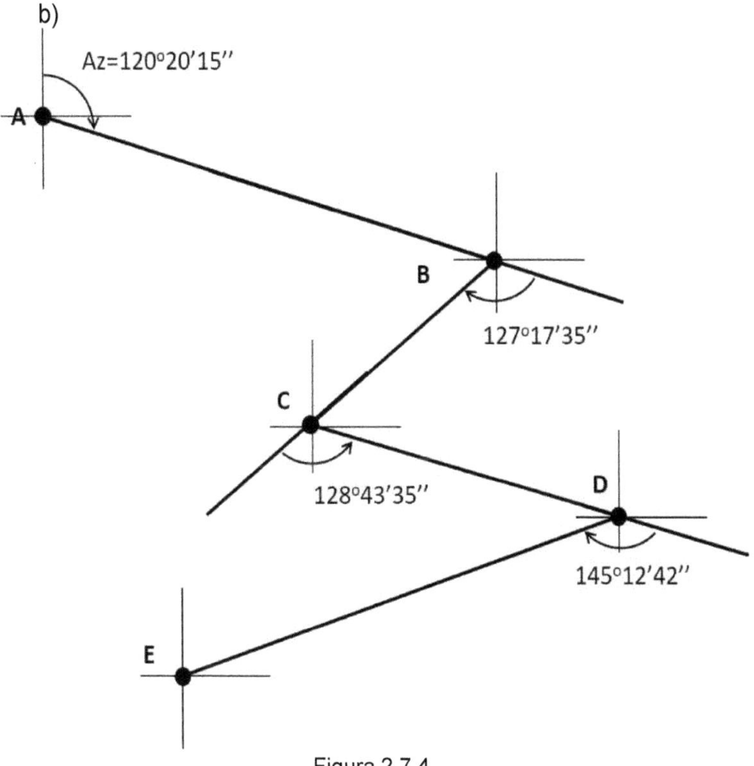

Figura 2.7.4.

3 – ALTIMETRIA

A altimetria é parte de estudos topográficos que possui o objetivo de estudar e representar o relevo terrestre. Utilizando equipamentos e informações geográficas para produção de mapas de curvas de nível ou mapas hipsométricos esta técnica permite a produção de cartas representando o relevo local. Um serviço que auxilia a projeção detalhada de qualquer atividade ligada a obras de engenharia, arquitetura e urbanismo ou mineração para cubagem de jazidas.

3.1 REFERENCIAL DE NÍVEL, ALTITUDES E COTAS

O referencial de nível (RN) é a superfície de referência para definição das cotas ou altitudes do terreno. Servindo como base para a determinação das superfícies e planos em nivelamento geométrico.

Datum é uma superfície de referência inferior onde todos os valores acima deste nível estabelecido serão positivos e todos os valores abaixo, negativos. Este referencial depende do objetivo do levantamento, onde, pode ser a superfície de um lago se o objetivo for calcular o volume de água de uma barragem, ou a superfície média dos mares para medir as altitudes do terreno.

A altitude é o valor do terreno, tendo como referência o nível médio dos mares, enquanto as cotas são uma superfície de referência arbitrária como qualquer parte do terreno identificado com um piquete sendo o valor inicial de referência. Os valores adotados para estas superfícies arbitrarias são 0, 10, 100 ou 1000.

A diferença de nível entre as linhas pode ser obtida através do cálculo da diferença entre os pontos. Como, por exemplo, os pontos A e B ($DN_{A\text{-}B}$).

$DN_{A\text{-}B}$ = Cota de B – Cota de A

ou

$DN_{A\text{-}B}$ = altitude de B – altitude de A

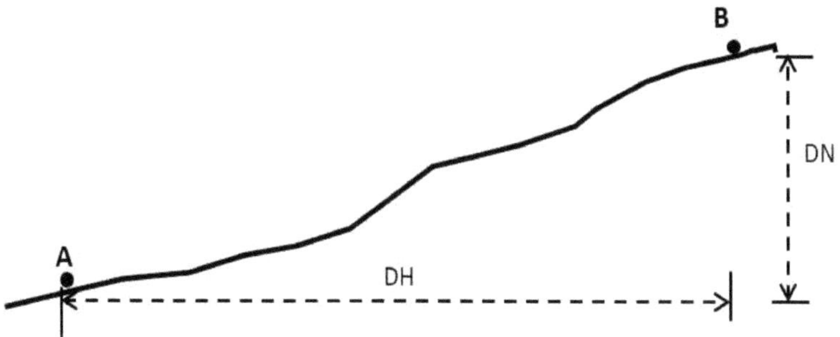

Figura 3.1.1. Declividade do terreno.

A declividade (i) do terreno é calculada através da razão entre a diferença de nível e a distância horizontal. Podendo ser expressa em porcentagem, quando é multiplicada por 100, ou pela unidade m/m quando não se multiplica por 100.

$i = (DN/DH).100$

i = declividade expressa em %
DN = diferença de nível
DH = distância horizontal

Exemplo 3.1.1: Calcule a declividade de um trecho de acordo com os dados abaixo.

Cota A = 100,000 m
Cota B = 130,000 m
$DH_{A\text{-}B}$ = 150,000 m

Solução:
$i = ((C_B - C_A)/DH_{A\text{-}B}) \,.\, 100 = ((130 - 100) / 150).100 = 20\%$
ou
$i = 0,20$ m/m

Exemplo 3.1.2. Um poço perfurado apresentou as seguintes características indicadas na figura 3.2.1. Assim, qual o valor em altitude do nível da água, e qual a cota do topo da segunda camada de areia?

Resolução:

Nível da água = 33 m de altitude.

Cota do topo da segunda camada de areia = -7,5 m

Como o nível da água apresentado está na cota -3 m, pois utiliza como nível de referência a superfície do solo no local de escavação do poço, faz-se a subtração da altitude do terreno, obtendo o valor de 33 m.

Para a cota, o nível do terreno é a superfície de valor 0 m, assim, todos os valores abaixo serão negativos, onde, de acordo com a metragem apresentada, a superfície da segunda camada de areia está na cota -7,5 m.

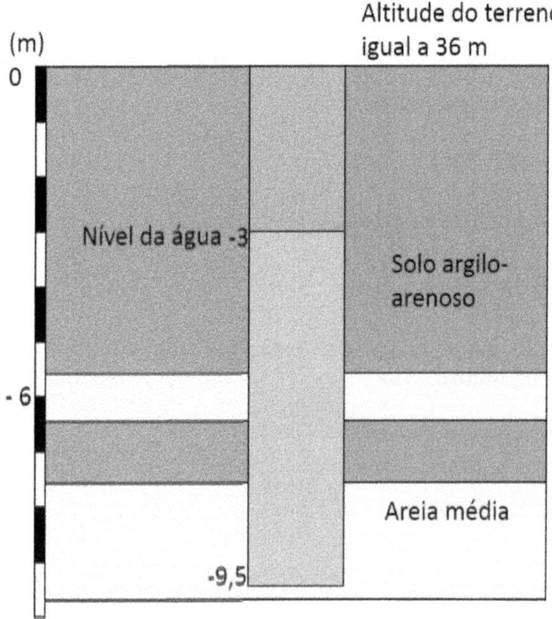

Figura 3.1.1. Poço tubular perfurado.

3.2 CURVAS DE NÍVEL

A partir de dados de campo com coordenadas x, y e z, correspondentes a posição no terreno seguido de cota ou altitude atribuído a coordenada z são confeccionados os mapas de curvas de nível. Um tipo de representação muito comum do relevo local.

As linhas que formam as curvas são a interpolação de cotas de mesmo valor divididas em intervalos de 1, 2, 5, 10, 20, 30, 50, 100, 200 e 500 m, de acordo com a escala do mapa. As linhas das curvas permitem uma imagem tridimensional do relevo como mostra a figura abaixo.

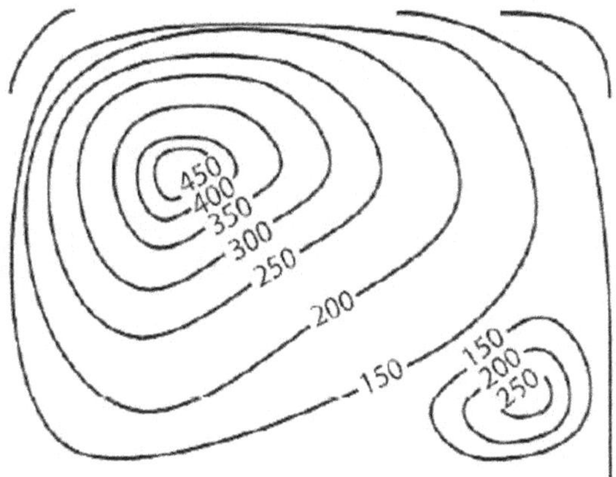

Figura 3.2.1. Representação de relevo de um terreno através de curvas de nível. Fonte: modificado de Fitz (2008).

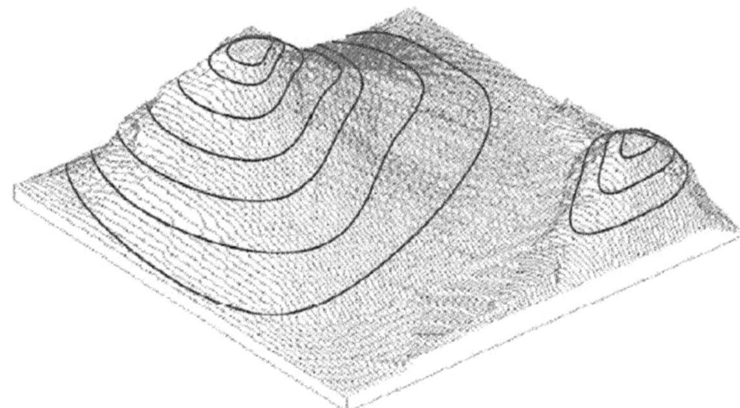

Figura 3.2.2. Representação tridimensional de um terreno a partir de dados x, y e z. Fonte: modificado de Fitz (2008).

O intervalo entre as curvas é a diferença de altitude entre ambas, modificando a distância entre as linhas, mais próximas ou mais distantes entre si, de acordo com a declividade do terreno. Linhas mais próximas umas das outras indicam maior declividade do terreno como ocorre em encostas de montanhas ou taludes, enquanto linhas mais afastadas umas das outras representam relevo mais plano com baixa declividade.

As formas de relevo que podem ser identificadas com as curvas de nível são relevos montanhosos do tipo cônico, elipsoide, platô, penhascos e vales, assim como os relevos de planícies com as curvas mais esparsas.

O penhasco é identificado através dos valores das curvas e da proximidade destas, quase tocando umas nas outras.

O relevo do tipo mesa ou platô é identificado pela sua forma, apresentando alta declividade nas encostas e baixa declividade na parte central, devido a sua forma planar do topo. Muito comum em relevos compostos por camadas de rochas sedimentares esculpidas pela erosão.

As curvas que apresentam relevo do tipo cônico podem ser encontradas em áreas de relevo formadas por granitos e cones vulcânicos, devido à natureza da formação destes corpos rochosos.

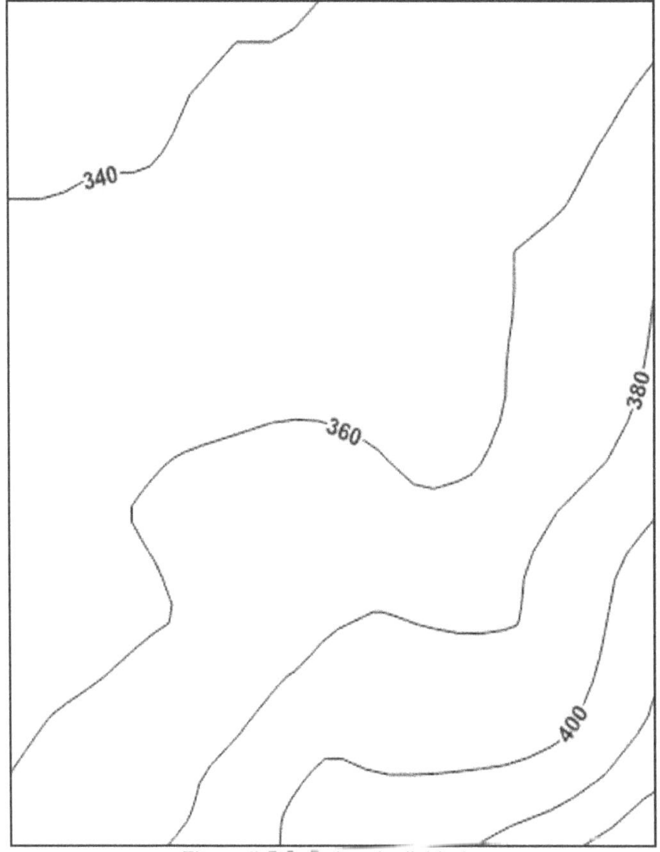

Figura 3.2.3. Baixa declividade.

As depressões são marcadas pelos vales formados entre as montanhas e mais raramente pelas crateras.

Entre o relevo montanhoso pode-se identificar o ravinamento nas encostas, seguidos de planície aluvial e a drenagem principal, geralmente formado por um rio.

As crateras podem ocorrer na forma de dolinas, estruturas formadas por dissolução de calcário ou outra rocha dissolvida pela água subterrânea, ou por impactos de meteoros. Com relação as crateras de impacto, estas em regiões de florestas são identificadas pela topografia quando as curvas de nível apresentam claramente a sua forma. Como é o caso da Cratera de Colônia localizada no distrito de Parelheiros, zona sul de São Paulo.

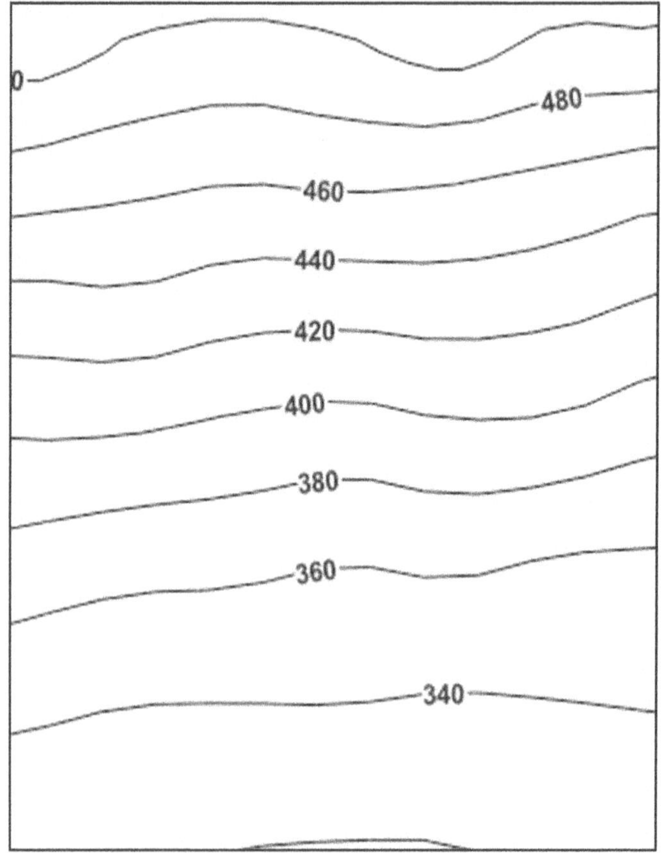

Figura 3.2.4. Alta declividade.

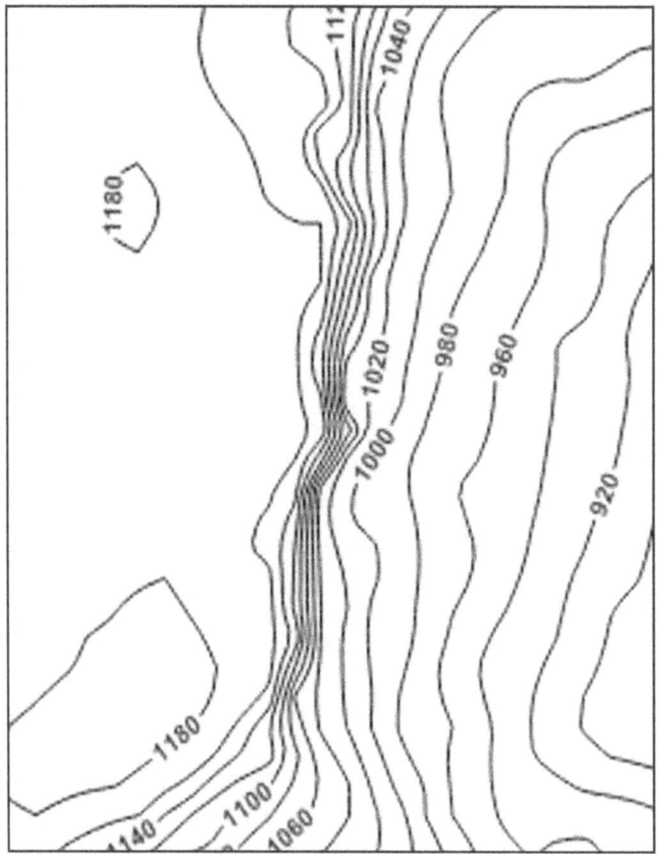

Figura 3.2.5. Penhasco representado pelas linhas mais próximas entre si no centro da figura.

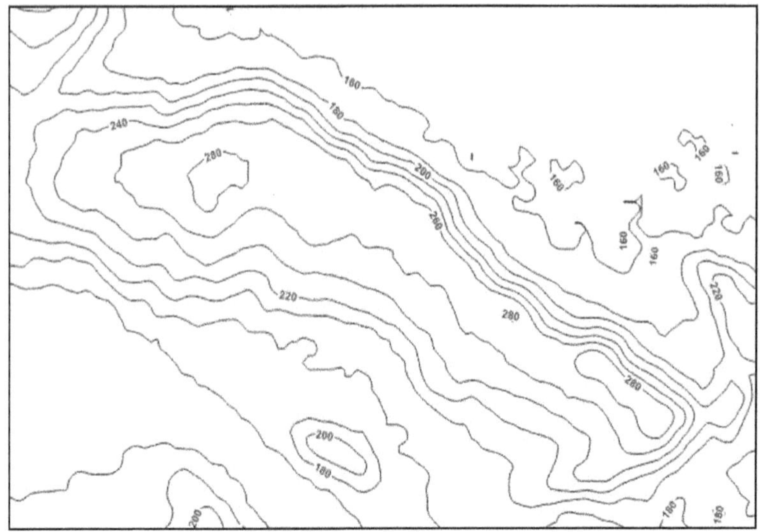

Figura 3.2.6. Relevo do tipo mesa ou platô.

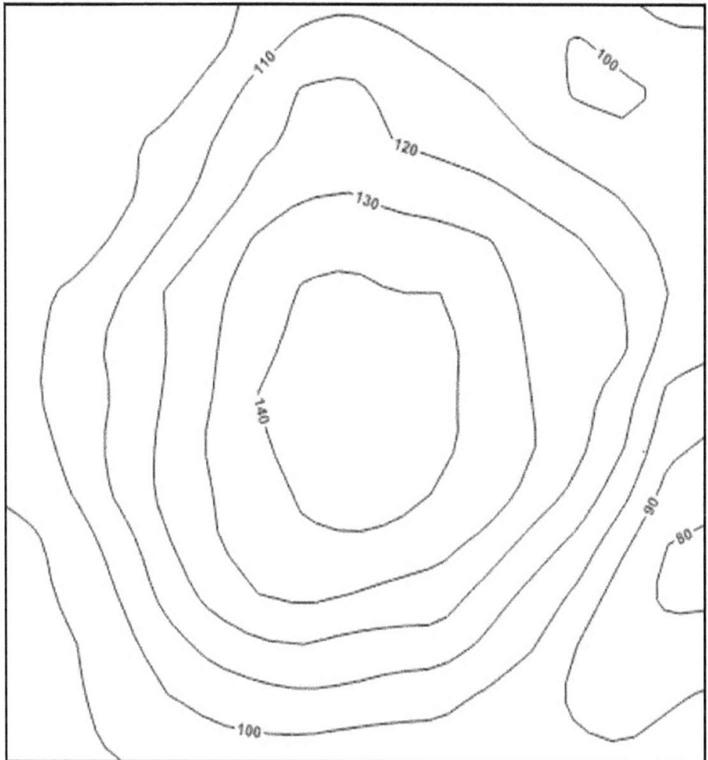

Figura 3.2.7. Relevo do tipo cônico.

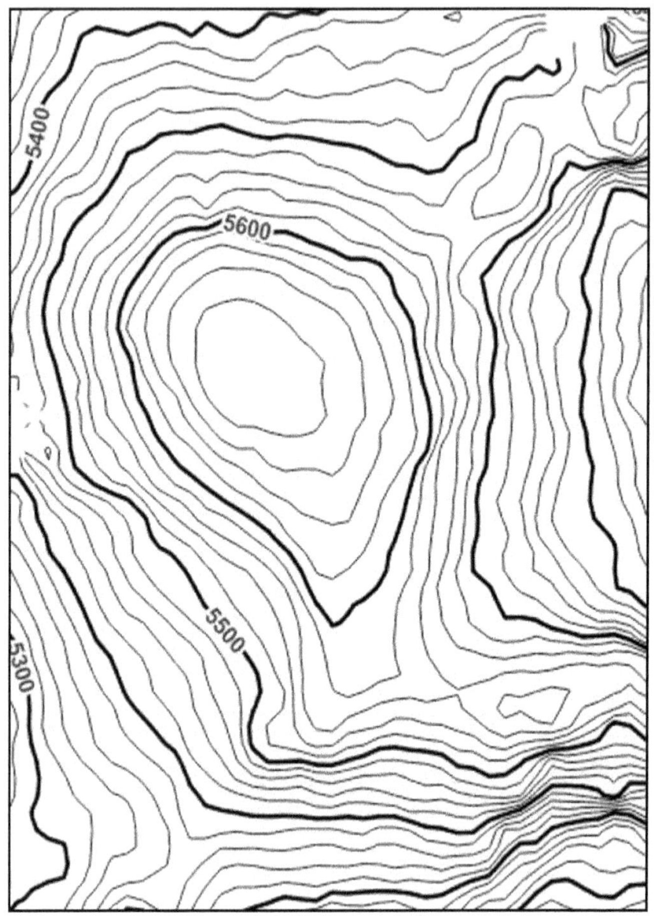

Figura 3.2.8. Cone vulcânico.

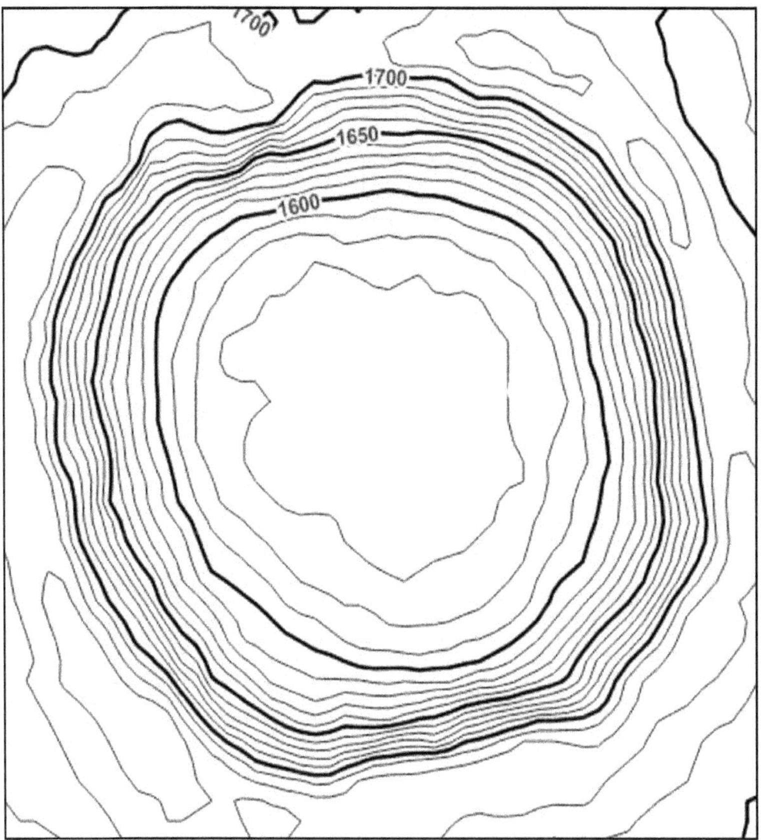

Figura 3.2.9. Cratera de impacto de meteoro.

Figura 3.2.10. Vale.

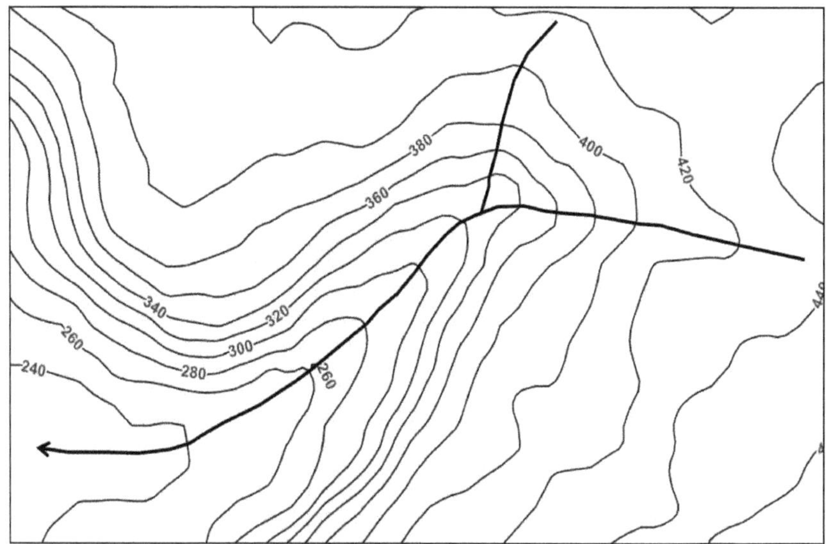

Figura 3.2.11. Drenagem.

Em muitos casos pode-se utilizar intervalos de linhas mais grossas, denominadas linhas mestras, que facilitam a interpretação. Por exemplo, em linhas com intervalo de 20m, pode-se marcar as linhas mestras quando o valor da linha for múltiplo de 100, ou linhas de 2 m marcadas em valores múltiplos de 10.

Quando se faz a interpretação do relevo com relação a escoamento e drenagem, o fluxo da água superficial é indicado com uma seta. Apresentando a direção do fluxo da linha de maior valor para a de menor cota, onde a seta deve ser posicionada em sentido ortogonal a linha. Neste tipo de interpretação pode-se definir as regiões de vale ou locais de drenagem natural com sentido do fluxo nas áreas mais baixas. Enquanto na parte mais elevada do relevo são indicados os divisores de água.

Na caracterização de uma área são traçados perfis que atravessam a maior variação possível de cotas para melhor representação da topografia. Estes são marcados sobre o mapa com indicação do início e fim do perfil e representação do perfil logo abaixo do mapa.

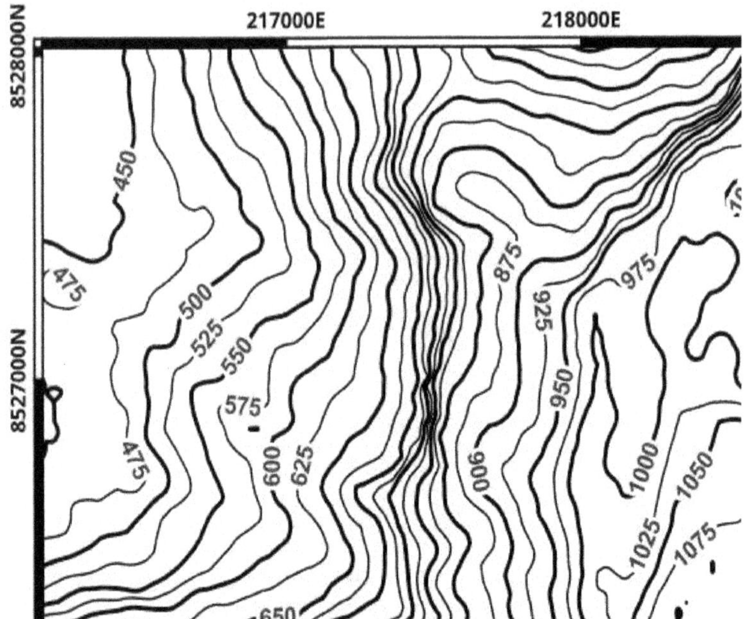

Figura 3.2.12. Curvas apresentando linhas mestras e variação gradativa da distância entre si. Curvas mais próximas possuem maior declividade da topografia.

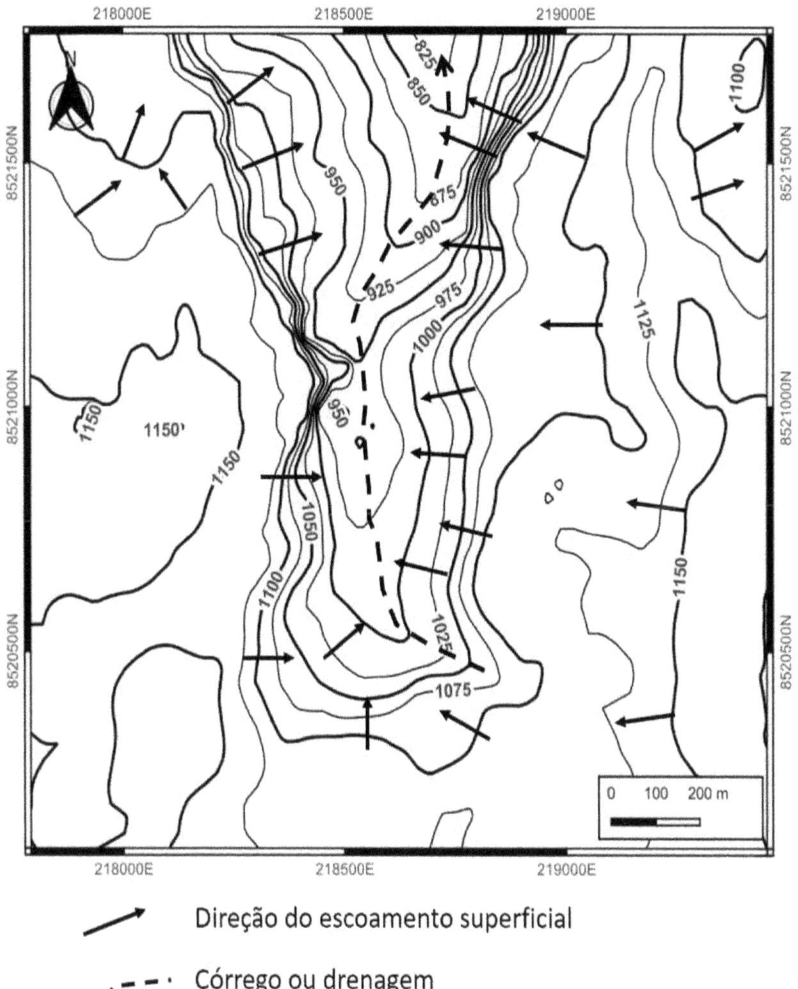

Figura 3.2.13. Mapa de curvas de nível com interpretação do escoamento da água da chuva.

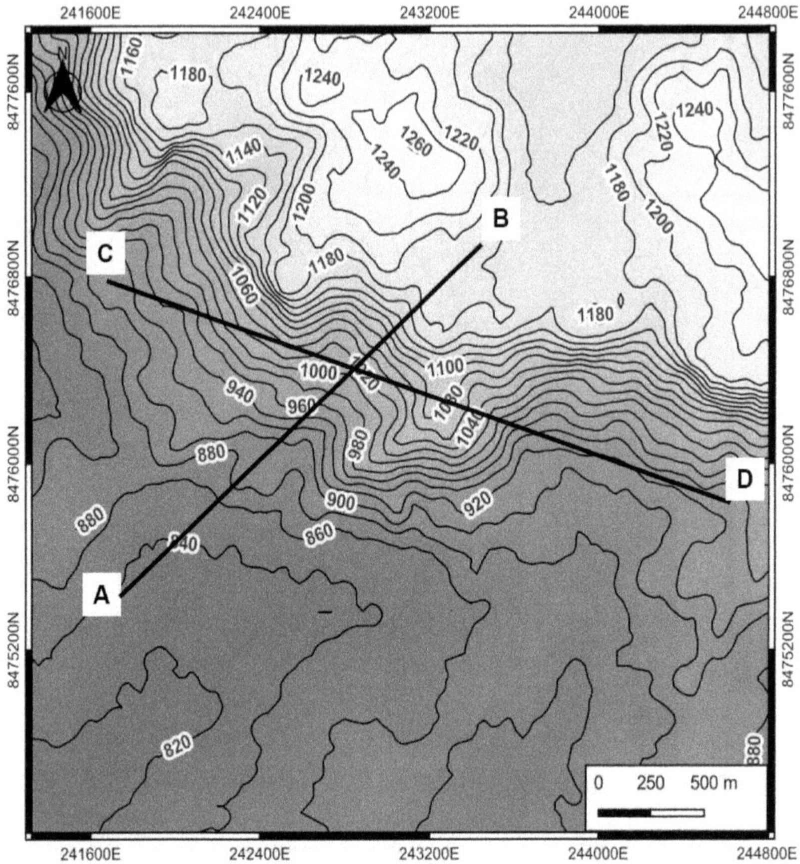

Figura 3.2.14. Mapa de curvas de nível com linhas indicando perfis topográficos.

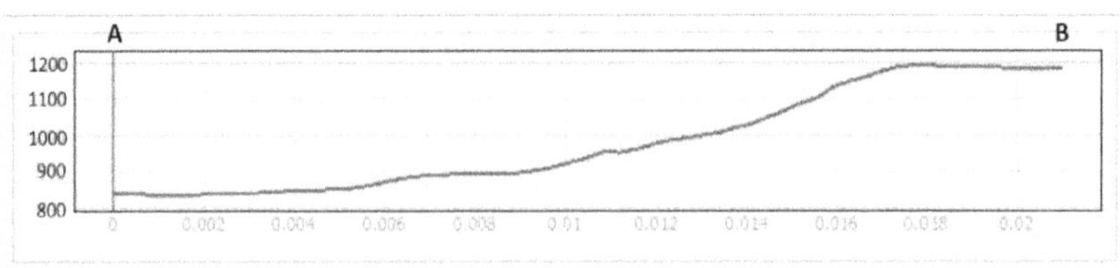

Figura 3.2.15. Perfil topográfico A-B do mapa anterior.

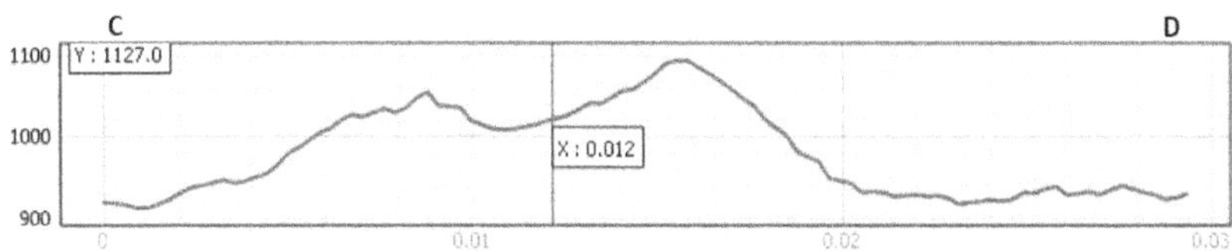

Figura 3.2.16. Perfil topográfico C-D do mapa anterior.

O método de obtenção topográfica para criação de curvas de nível são: quadriculação, irradiação taqueométrica, seções transversais, posicionamento por satélites (RTK) e aerofotogrametria.

A **quadriculação** é o método mais dispendioso e demorado, entretanto, o mais preciso. É realizado a partir de uma quadriculação do terreno com piquetes em cada ponto da quadricula preenchendo todo terreno em intervalos regulares com distância d determinada. Quanto menor a distância d determinada, menor o erro e maior o detalhe do levantamento. Uma escolha que deve levar em consideração a precisão necessária do trabalho. Após a configuração das quadricular é executada o nivelamento de toda área obtendo os dados para confecção das curvas de nível (Tuler e Saraiva, 2014).

O método de **irradiação** é feito a partir do estabelecimento e levantamento planimétrico das poligonais principais e secundárias. Seguido de nivelamento das poligonais e irradiação taqueométrica. Neste caso a base é posicionada, determinada uma visada inicial e, a partir desta, são tomadas as leituras dos demais pontos no terreno. Trabalho realizado com auxiliares que mudam de posição no terreno para leitura da mira em vários pontos.

Os trabalhos em escritório consistem em transferir os dados para planilhas no computador e criação das curvas de nível da área pesquisada. Uma tarefa realizada com uso de softwares de cartografia ou topografia.

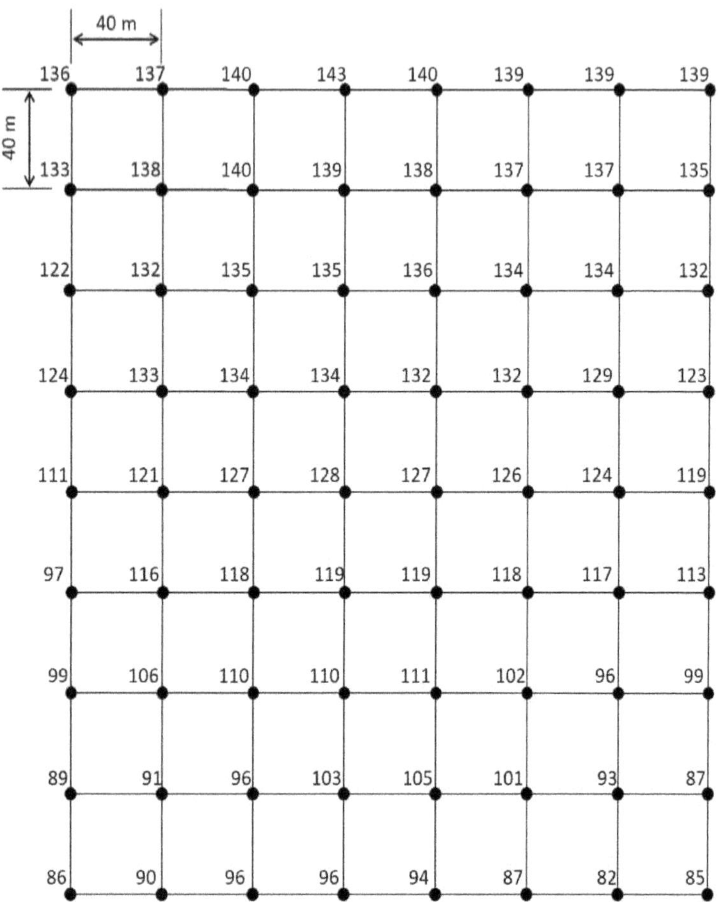

Figura 3.2.17. Área com pontos cotados em levantamento topográfico com quadriculação.

O método de posicionamento por satélites é empregado seguindo quadrículas ou seções transversais definidas no terreno e feito com uso de RTK. Enquanto os drones realizam a aerofogrametria com seções predefinidas da área de acordo os planos de voos configurados no computador.

O levantamento topográfico por quadricularão ou irradiação leva a produção dos pontos cotados da área. Assim podem ser produzidas as curvas de nível para representação do relevo. Para isto é definido o intervalo das curvas e determinação dos pontos por interpolação. A partir da determinação dos pontos para criação das curvas, estas são desenhadas interligando pontos de mesma cota.

A interpolação para definição de um ponto entre duas cotas conhecidas pode ser realizada pela semelhança de triângulos. Na figura abaixo temos dois pontos (A e B), visão em planta, com cotas e posição conhecidas, onde é necessário conhecer a posição do ponto X.

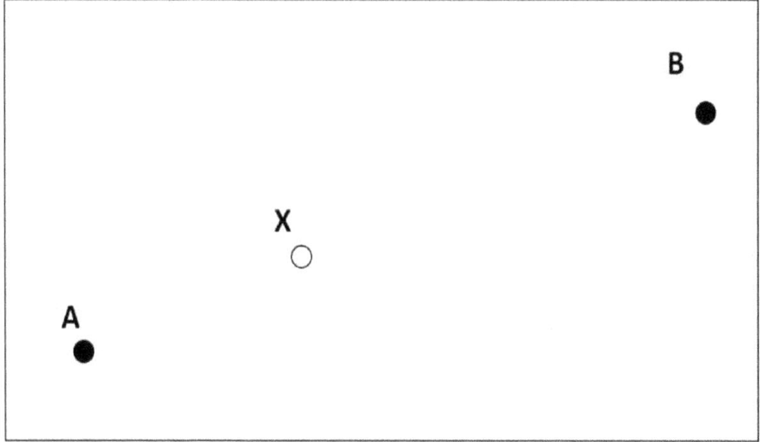

Figura 3.2.18. Visão em planta dos pontos cotados e do ponto X a ser definido.

Observando a relação de distância horizontal e diferença de nível entre os pontos A, B e o ponto a ser definido, apresentados na figura abaixo, temos a seguinte e equação:

$$\frac{DN_{AX}}{DH_{AX}} = \frac{DN_{AB}}{DH_{AB}}$$

Onde,

$$DH_{AX} = \frac{DN_{AX}.DH_{AB}}{DN_{AB}}$$

Conhecendo desta forma a distância do ponto X a partir da cota de menor valor.

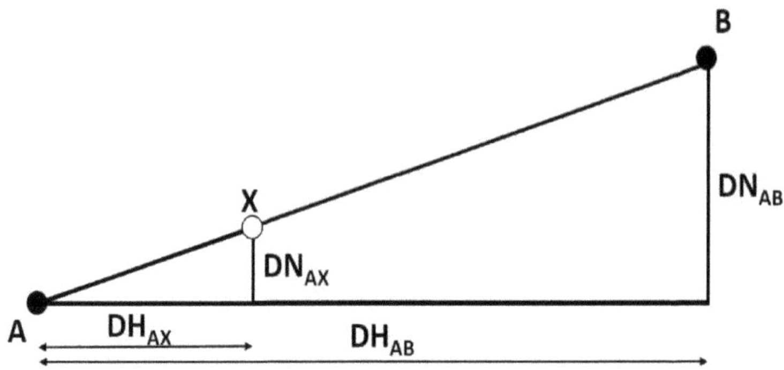

Figura 3.2.19. Visão em perfil dos pontos cotados.

Exemplo 3.2.1.
Determine a posição do ponto de cota 70 entre os pontos A e B na área abaixo.

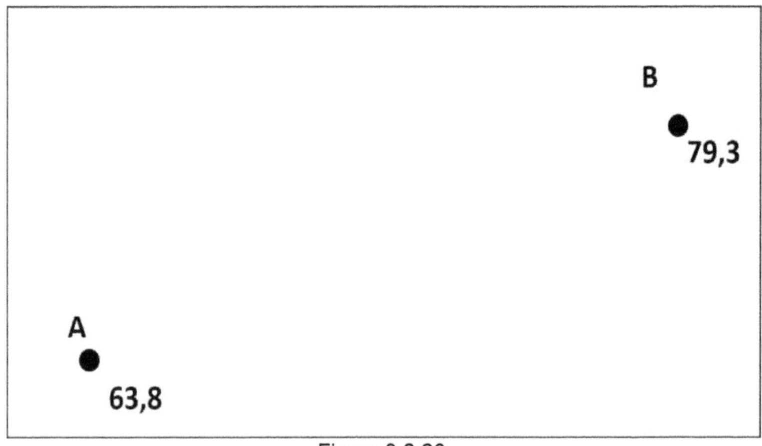

Figura 3.2.20.

Resolução:

Medindo a distância entre os pontos podemos obter o DH_{AB} e usar a equação apresentada anteriormente para encontrar o ponto de cota 70.

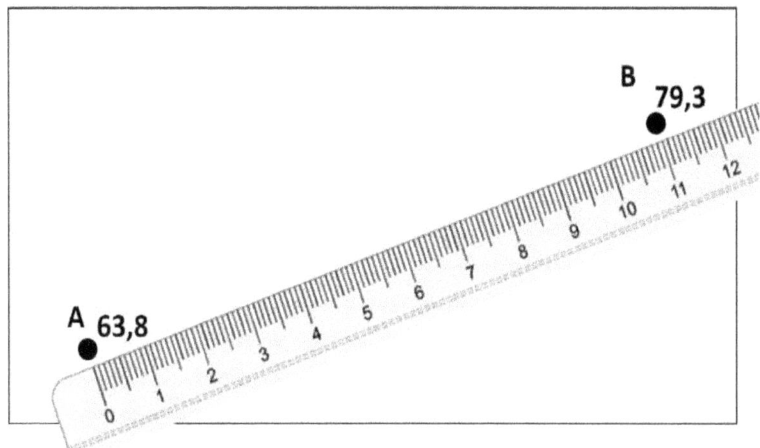

Figura 3.2.21.

$$DH_{AX} = \frac{DN_{AX}.DH_{AB}}{DN_{AB}}$$

$$DH_{AX} = \frac{(70 - 63{,}8).11}{(79{,}3 - 63{,}8)}$$

$$DH_{AX} = 4{,}4$$

Assim, o ponto de cota 70 fica a 4,4 unidades de medida a partir do ponto A.

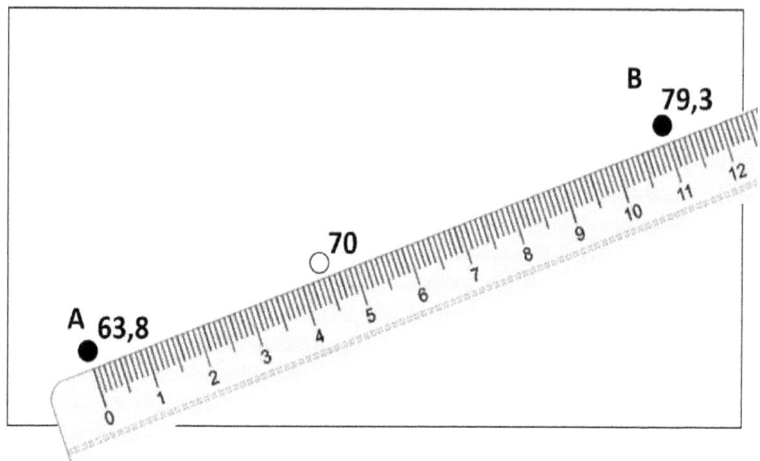

Figura 3.2.22.

Exemplo 3.2.2.
Realize a interpolação dos pontos cotados e trace as curvas de nível com intervalos de 5 m na área apresentada na figura 3.2.17.

Resolução:
Com a interpolação dos pontos para encontrar as cotas definidas é obtida a figura abaixo:

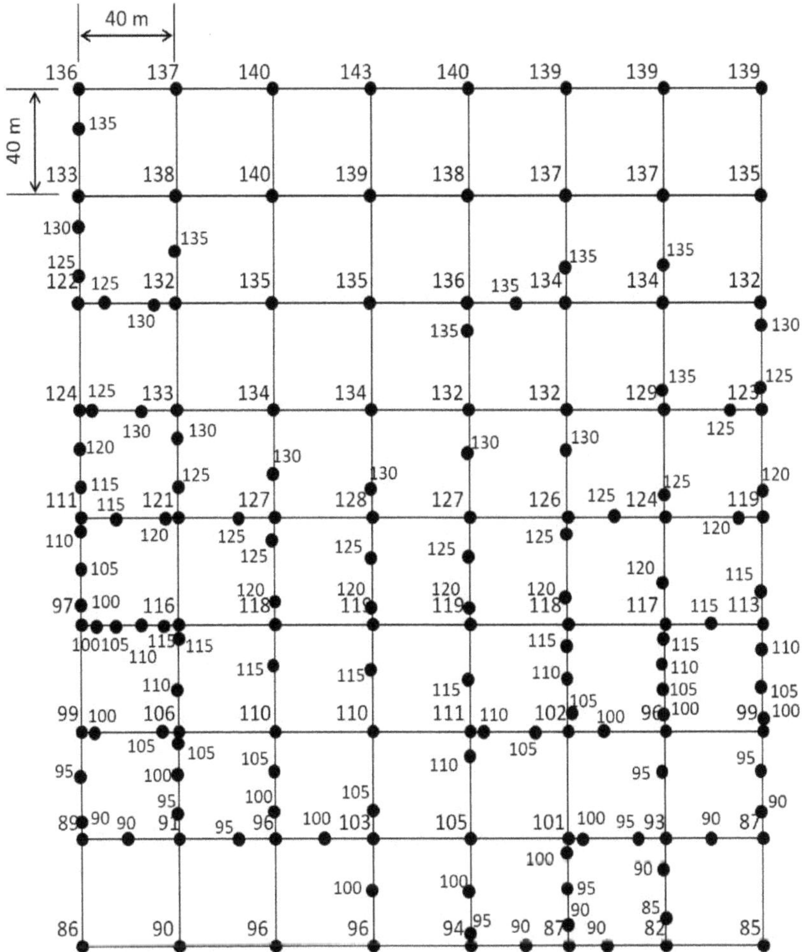

Figura 3.2.21. Área com a definição de cotas por interpolação para intervalos de 5 m.

Assim, são interligadas as cotas de mesmo valor obtendo as curvas:

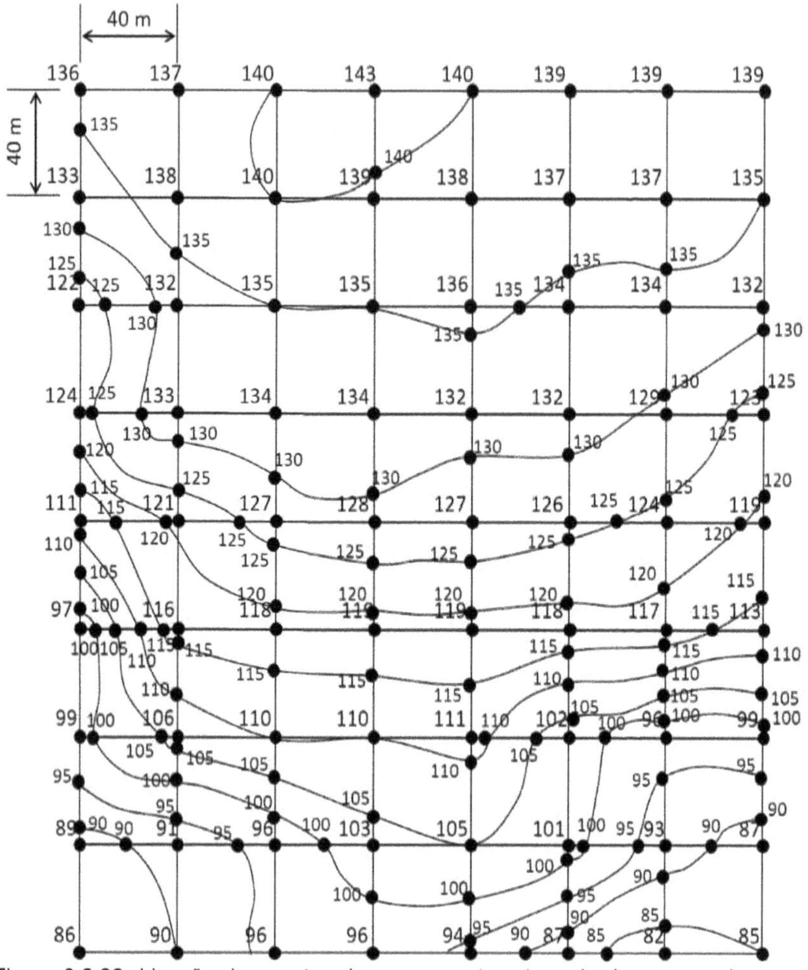

Figura 3.2.22. Ligação dos pontos de mesma cota e traçado das curvas de nível.

Após o desenho das curvas, os pontos e as quadriculas são removidos para melhorar a leitura e interpretação do relevo, como mostra a figura abaixo:

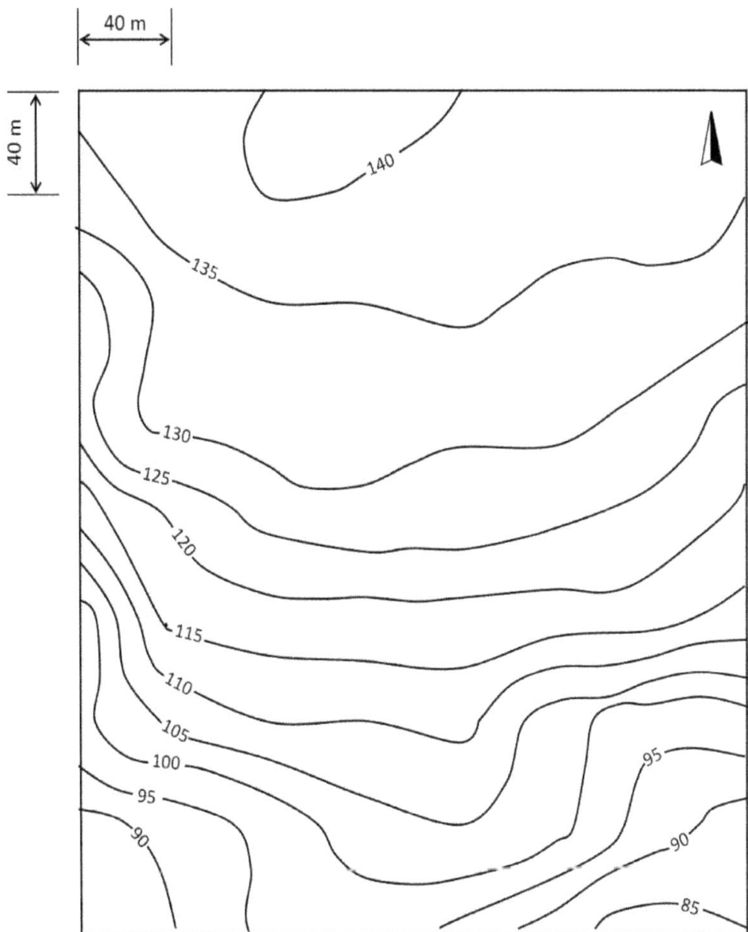

Figura 3.2.23. Apresentação da topografia da área por curvas de nível geradas a partir de pontos cotados por quadriculação.

Exemplo 3.2.3.
Determine a cota do ponto A na situação apresentada na figura.

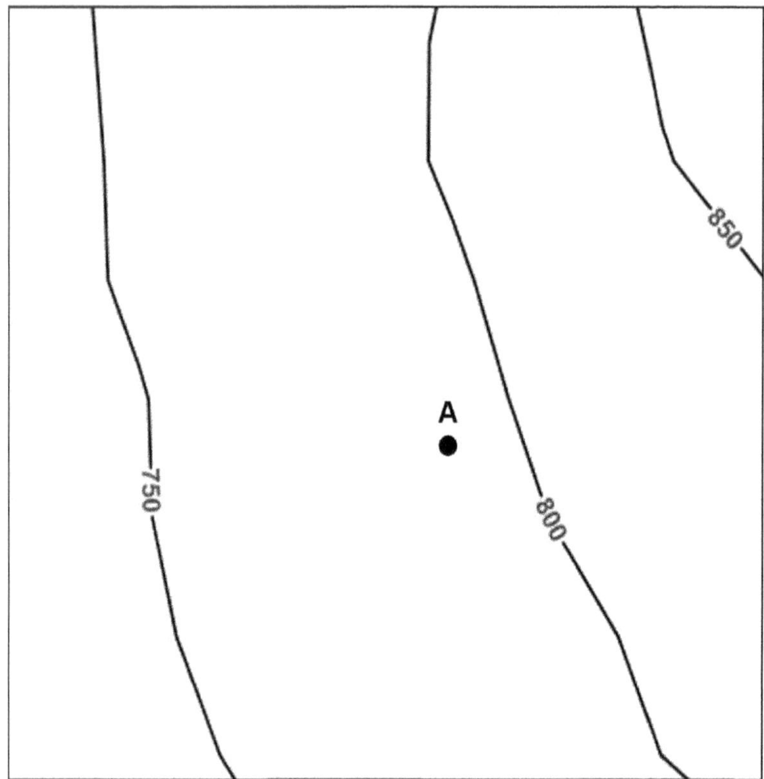

Figura 3.2.24. Ponto para determinação de cota a partir de curvas de nível.

Resolução:

Utilizando a semelhança de triângulos para interpolação de pontos cotados podemos calcular a cota do ponto A traçando uma linha perpendicular as duas curvas passando pelo ponto a ser definido e medindo as distâncias.

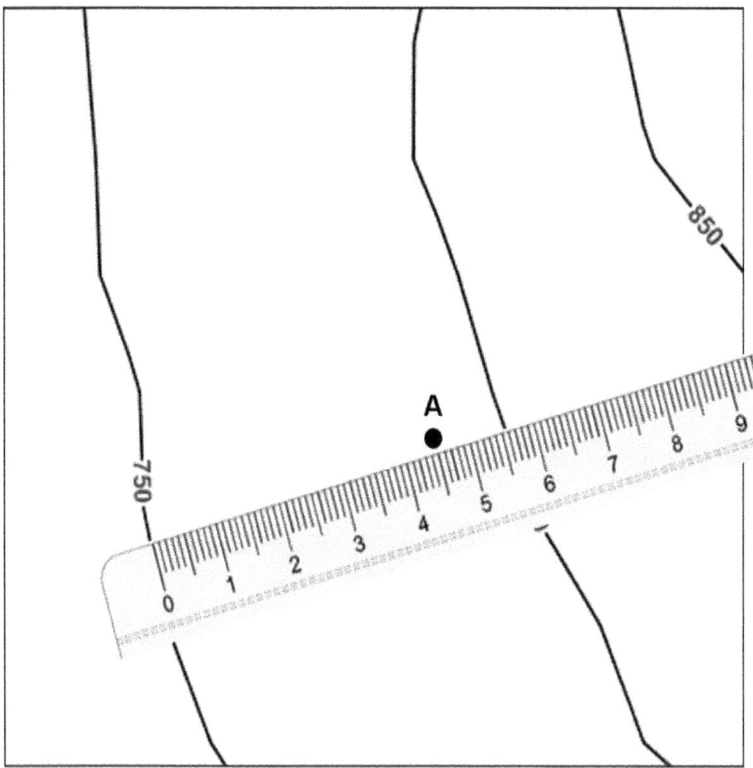

Figura 3.2.25. Medir a distância entre as curvas e o ponto.

Utilizando a semelhança de triângulos temos:

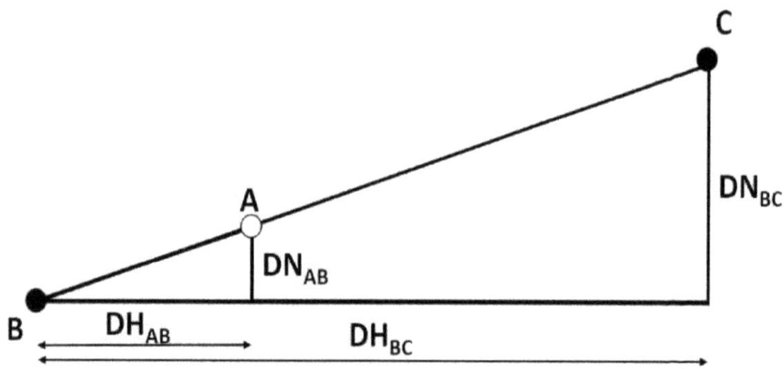

Figura 3.2.26. Triângulos para definição do ponto entre as duas curvas.

$$\frac{DN_{AB}}{DH_{AB}} = \frac{DN_{BC}}{DH_{BC}}$$

$$DN_{AB} = DH_{AB}.\frac{DN_{BC}}{DH_{BC}}$$

$$A - B = DH_{AB}.\frac{DN_{BC}}{DH_{BC}}$$

$$A = (DH_{AB}.\frac{DN_{BC}}{DH_{BC}}) + B$$

Assim, utilizando a equação definida para cálculo da cota de A:

$$A = (DH_{AB}.\frac{DN_{BC}}{DH_{BC}}) + B$$

$$A = \left(\frac{4{,}5.50}{5{,}6}\right) + 750$$

$$A = 790{,}178\, m$$

Obtendo-se a cota de A no valor de 790,178 m.

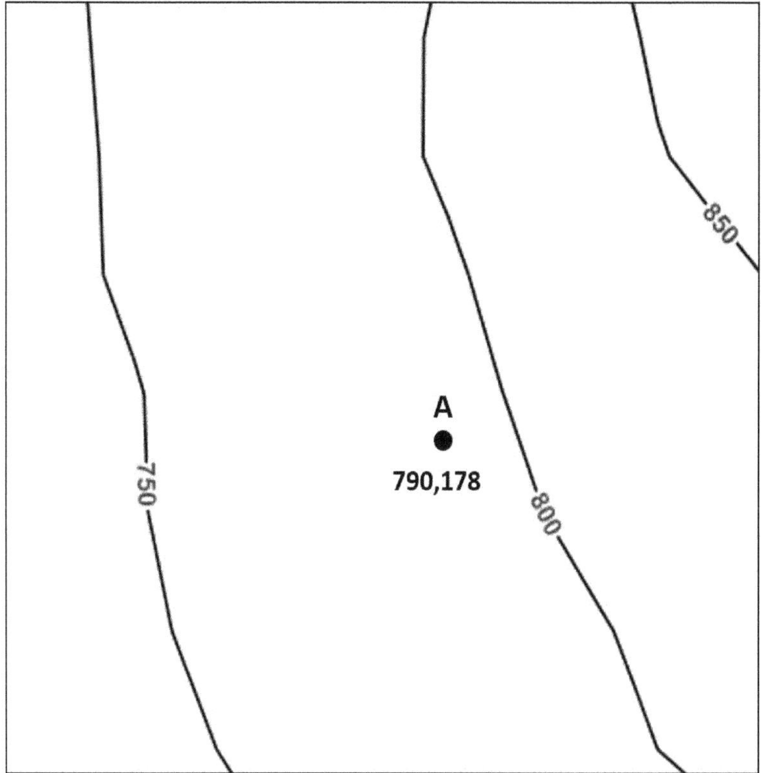

Figura 3.2.27. Cota do ponto A.

A interpolação dos pontos com uso de softwares também pode ser feita pelo método IDW ou KRIGAGEM. O método IDW (Inverse Distance Weighting), ou Ponderação do Inverso da Distância, determina os valores para locais não amostrados usando uma combinação linear ponderada de um conjunto de pontos conhecidos que são os pontos cotados (Ferreira et al., 2017). Entretanto, é comum ocorrer formas concêntricas nas curvas de nível conhecidos como *bull's eye effect* através deste método. O método conhecido como KRIGAGEM é um método estatístico onde cada ponto da superfície é estimado apenas a partir da interpolação das amostras mais próximas (Druck et al., 2004).

3.2.1 Exercício

1. Utilizando os dados apresentados determine as cotas dos pontos A, B, C e D, o perfil topográfico de AB, a declividade entre as cotas de CD e CB.

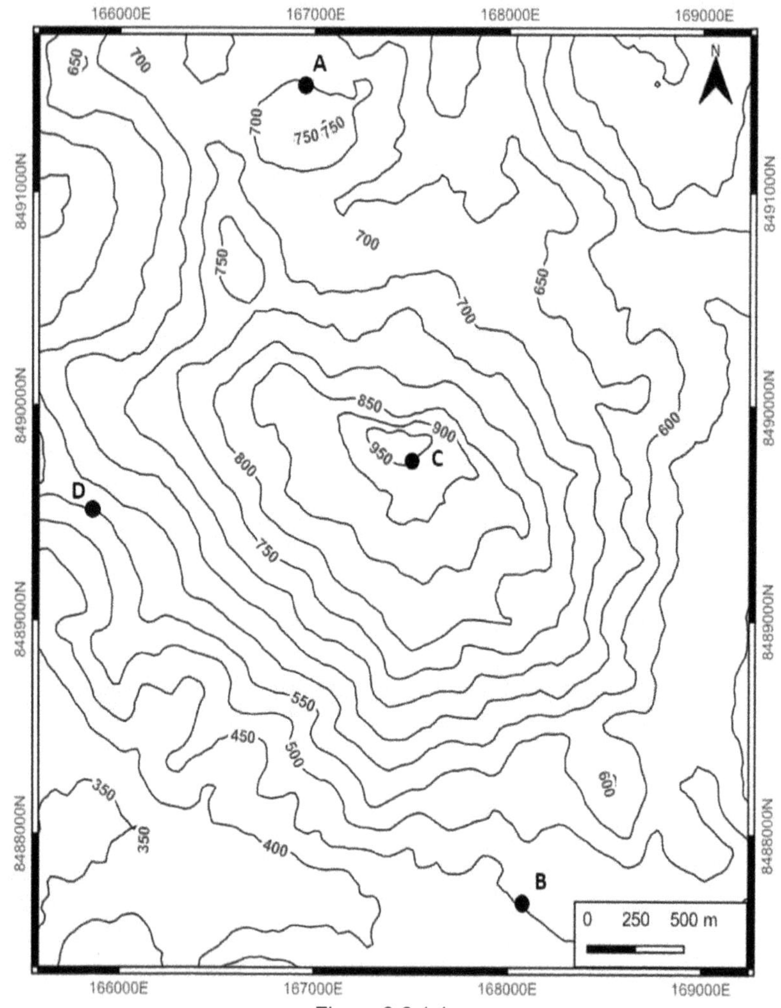

Figura 3.2.1.1.

2. Realize a interpretação do escoamento da água da chuva no mapa de curvas de nível a seguir identificando possíveis drenagens e divisores de água.

a)

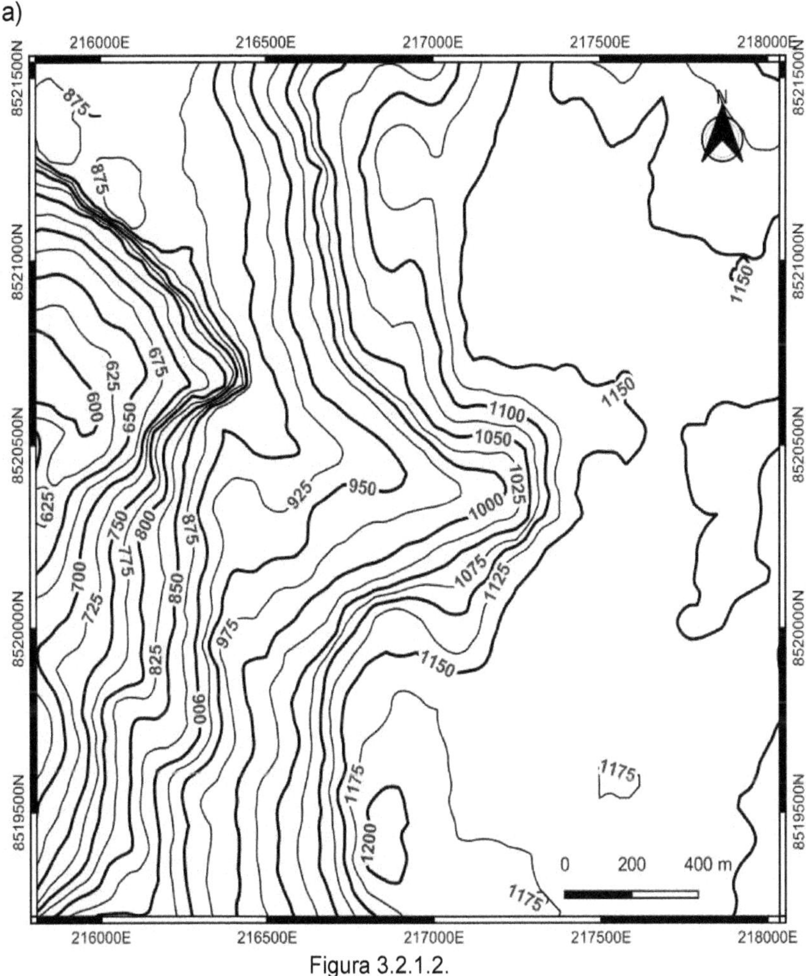

Figura 3.2.1.2.

b)

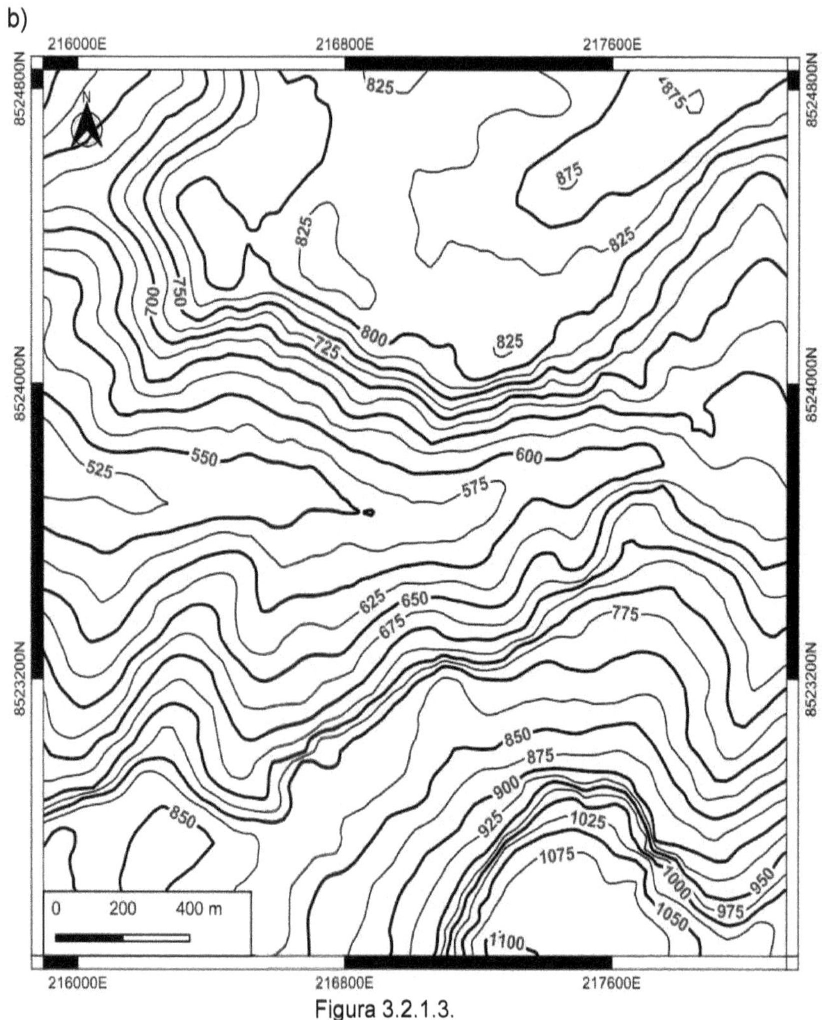

Figura 3.2.1.3.

c)

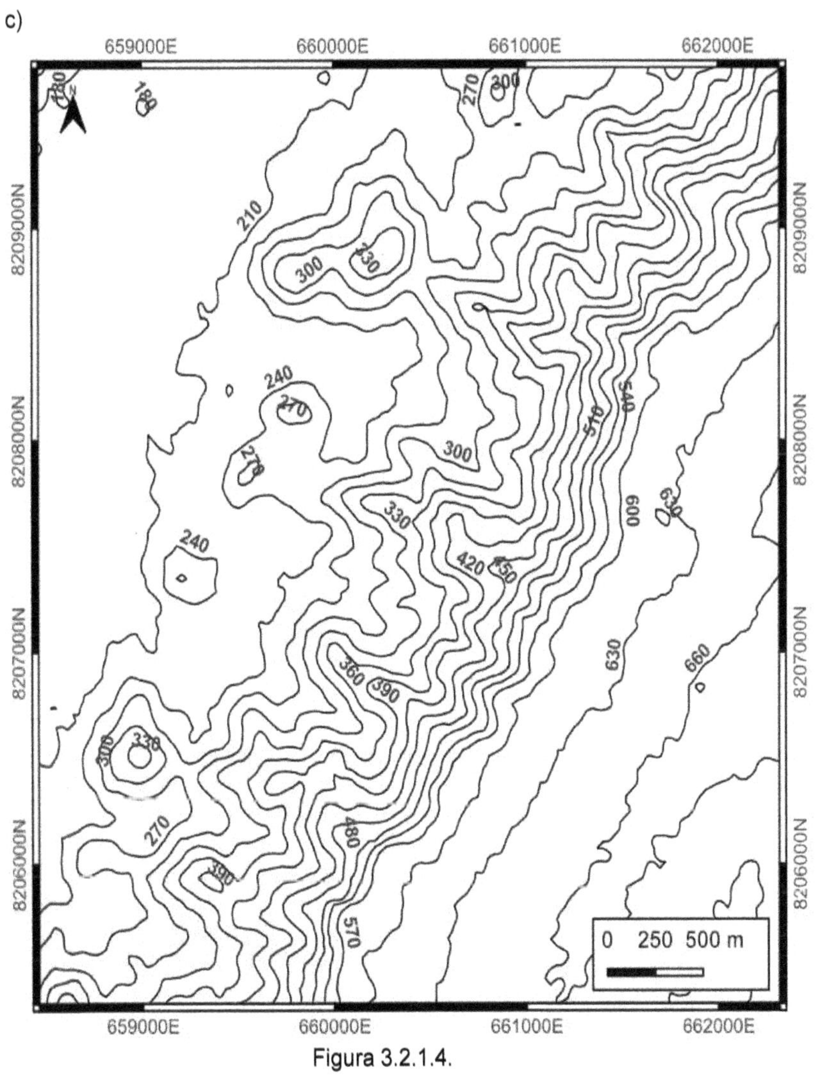

Figura 3.2.1.4.

3. Combine as curvas de nível de acordo com as formas de relevo correspondentes.

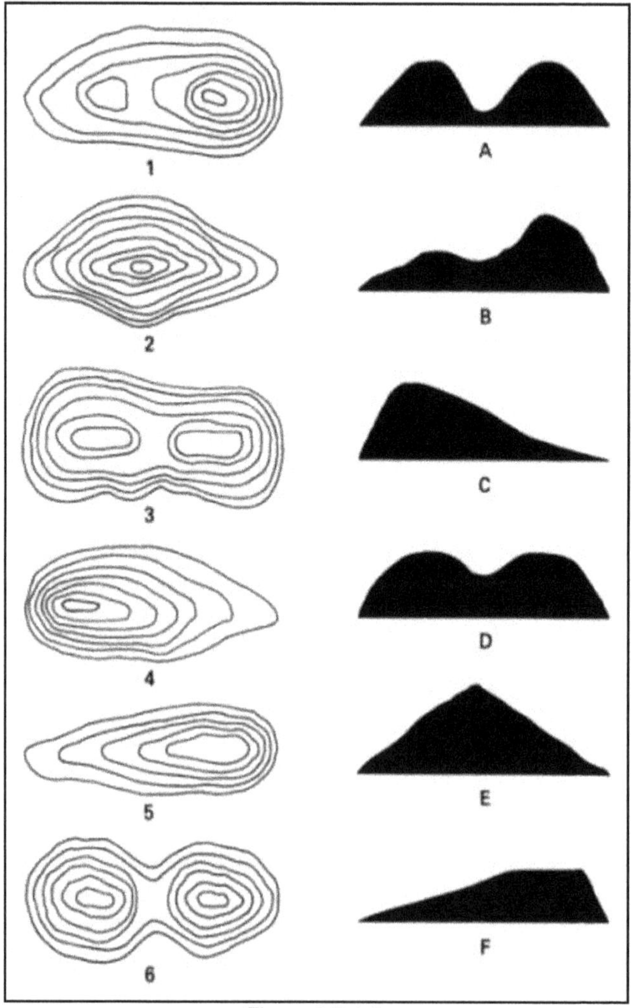

Figura 3.2.1.5.

4. Identifique as formas de relevo apresentadas nas curvas de nível abaixo.

a)

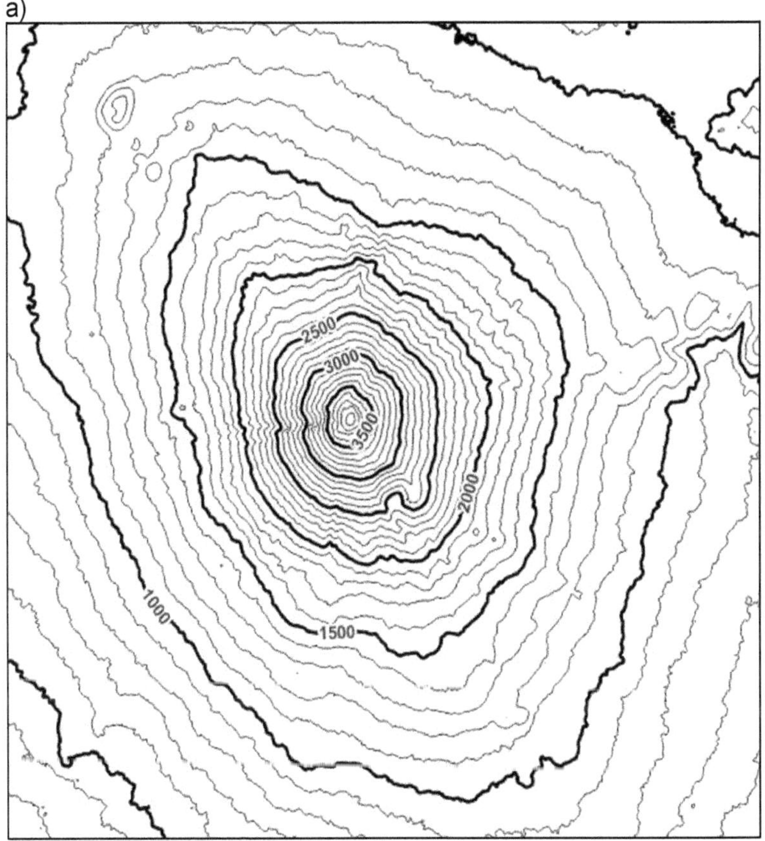

Figura 3.2.1.6.

b)

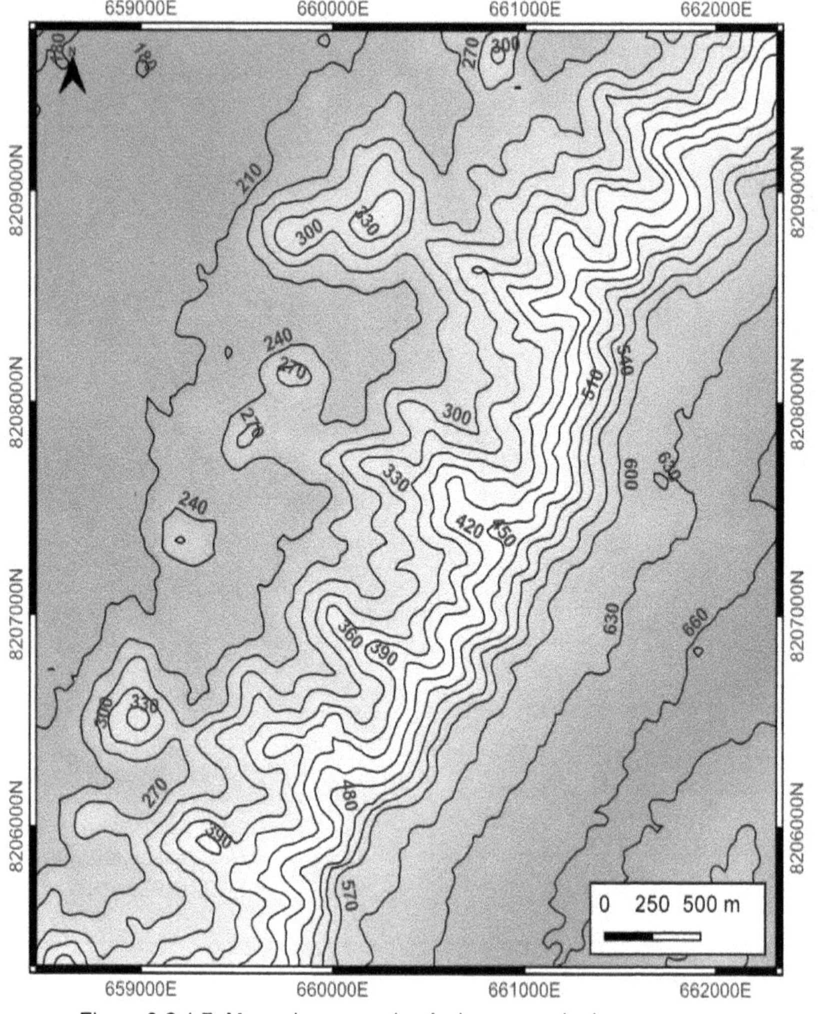

Figura 3.2.1.7. Mapa de curvas de nível com escala de cores.

c)

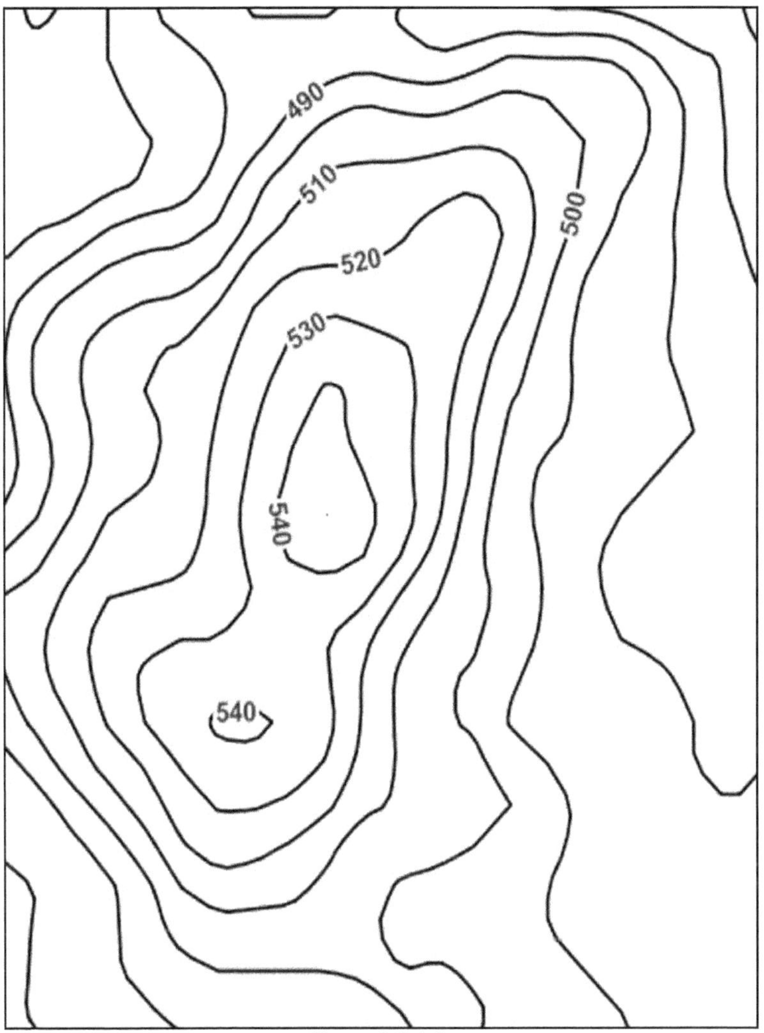

Figura 3.2.1.8.

d)

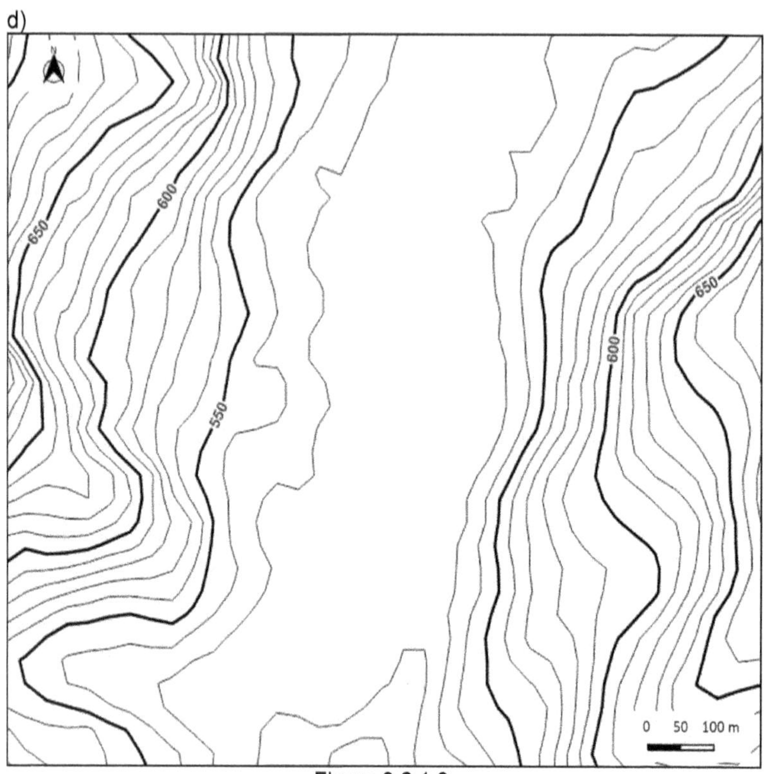

Figura 3.2.1.9.

d)

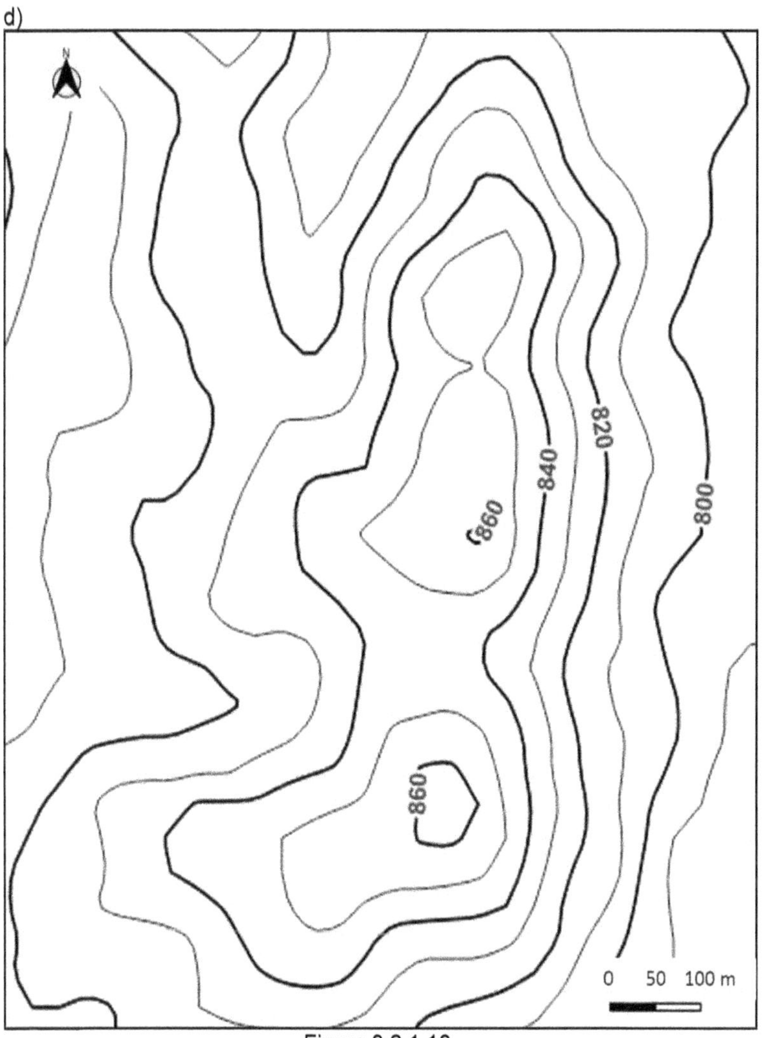

Figura 3.2.1.10.

5. Determine as cotas dos pontos entre as curvas de nível.

a)

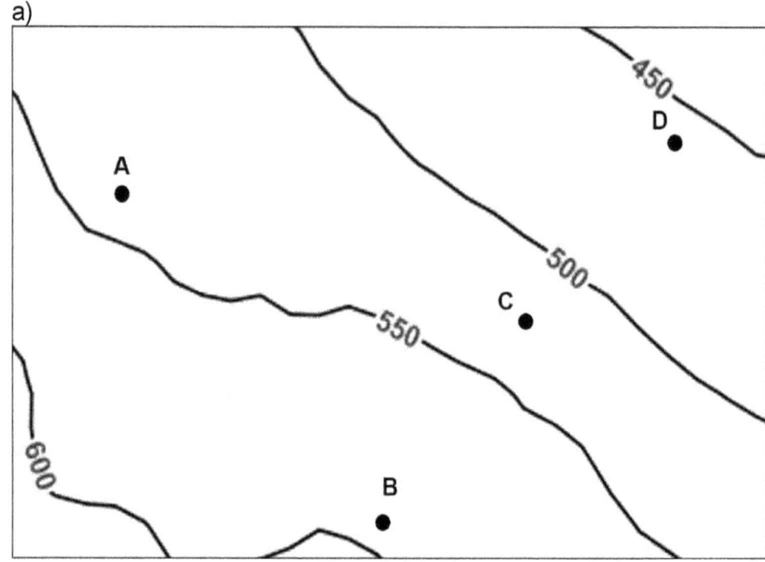

Figura 3.2.1.11.

b)

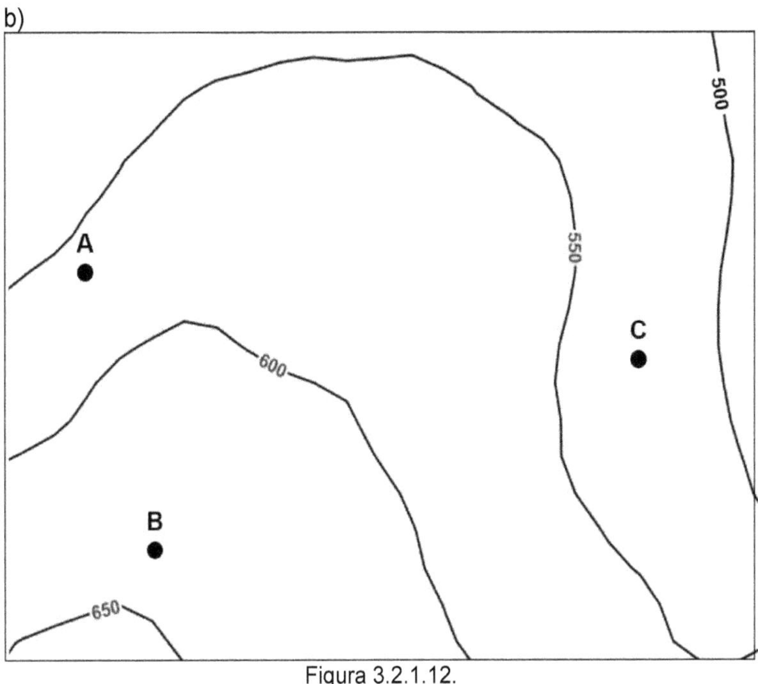

Figura 3.2.1.12.

c)

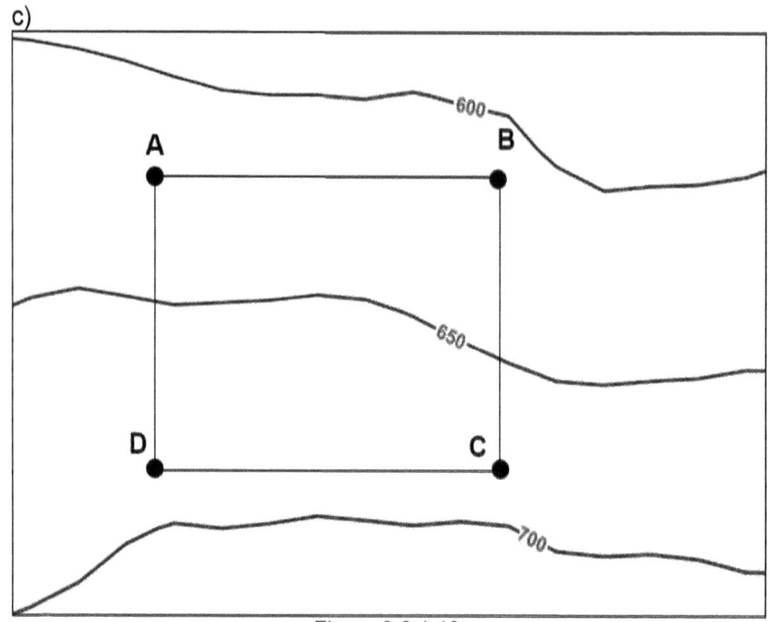

Figura 3.2.1.13.

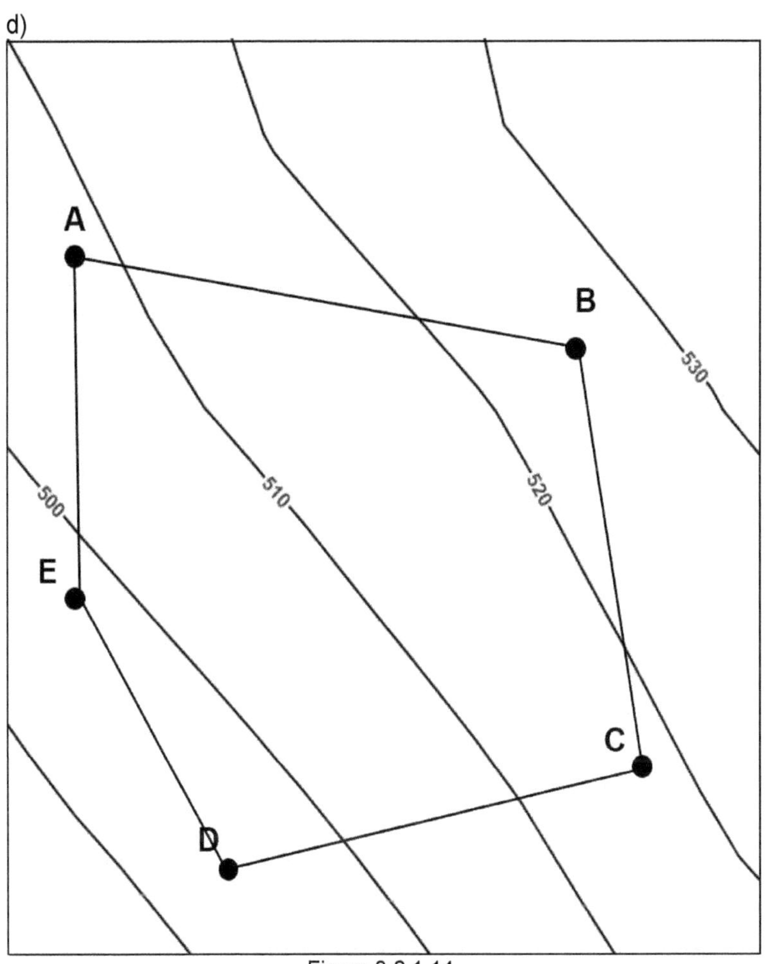

Figura 3.2.1.14.

6 Faça o traçado das curvas de nível da área a partir dos pontos cotados.

a)

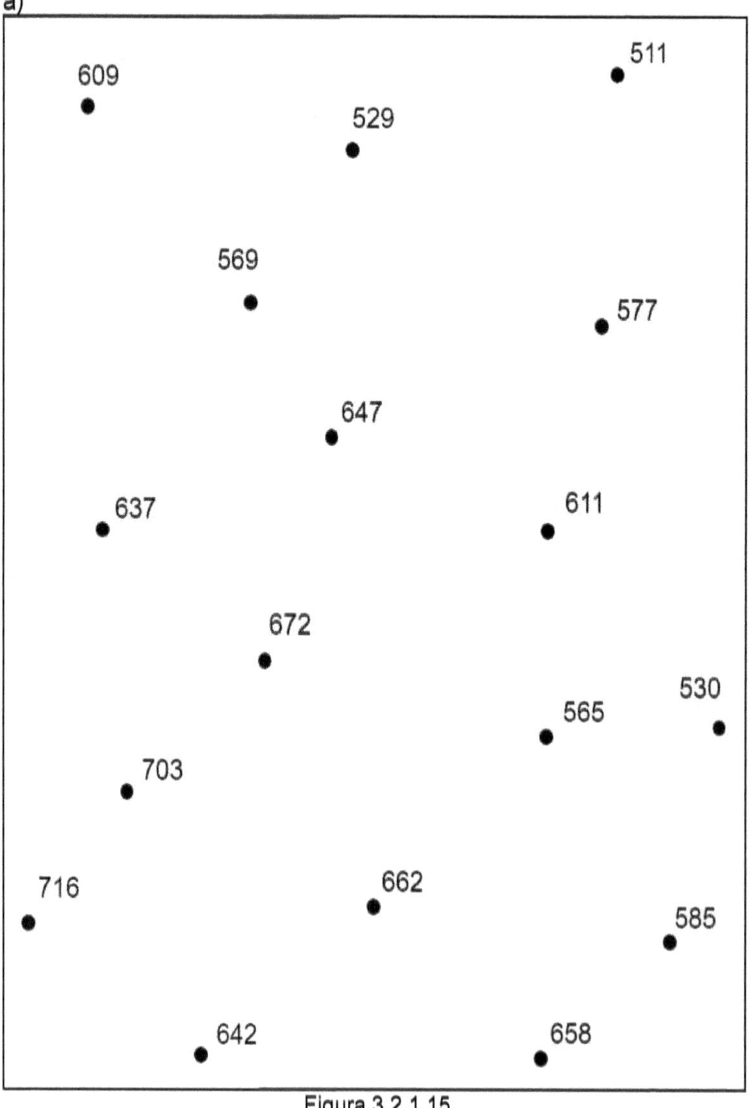

Figura 3.2.1.15.

b)

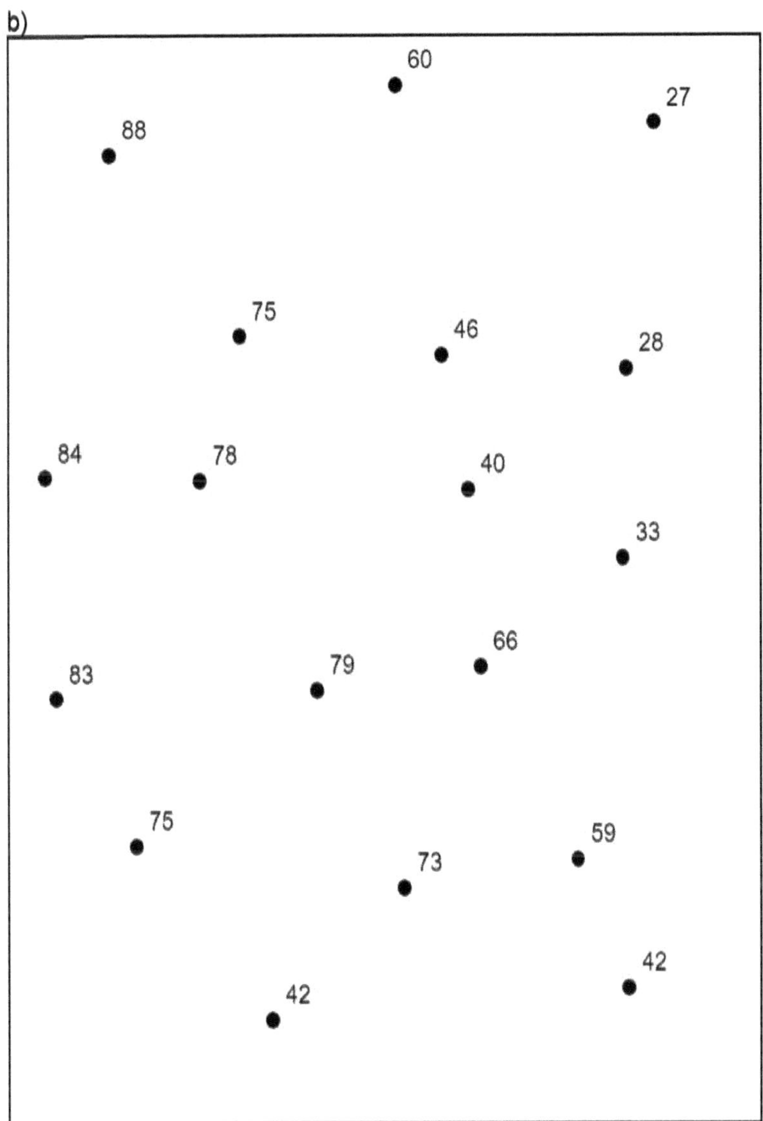

Figura 3.2.1.16.

c)

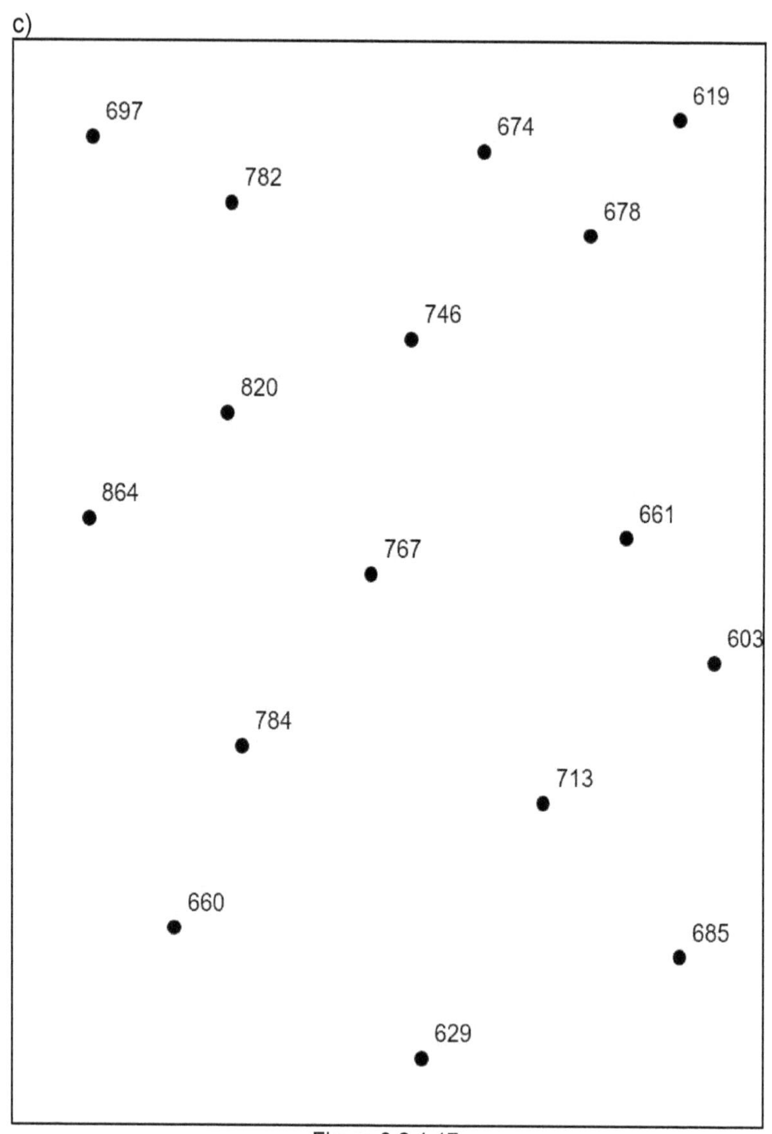

Figura 3.2.1.17.

d)

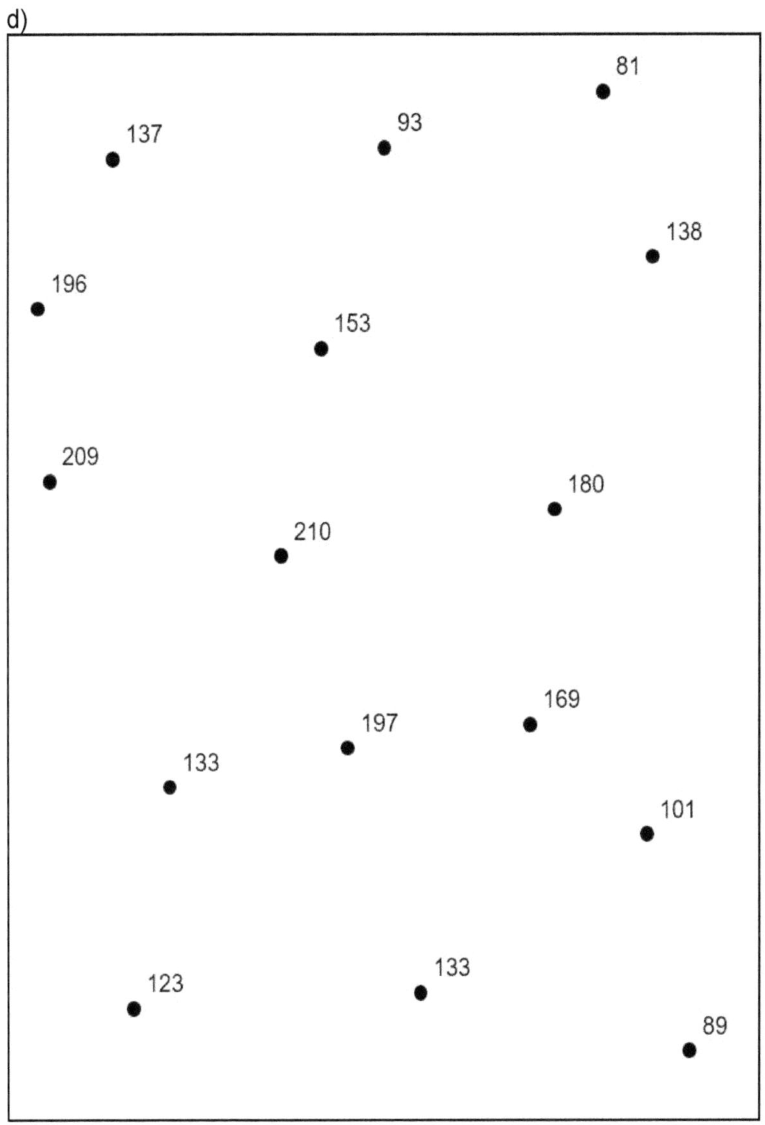

Figura 3.2.1.18.

7. Determine as cotas e calcule a declividade entre os pontos.

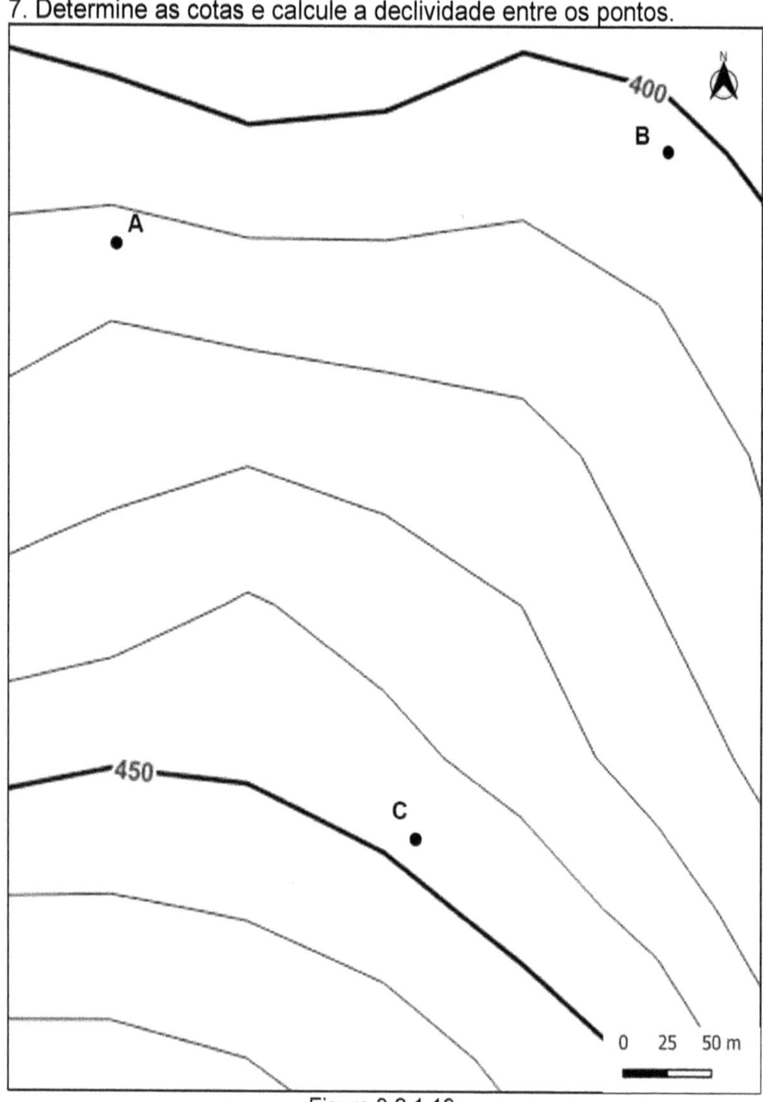

Figura 3.2.1.19.

b)

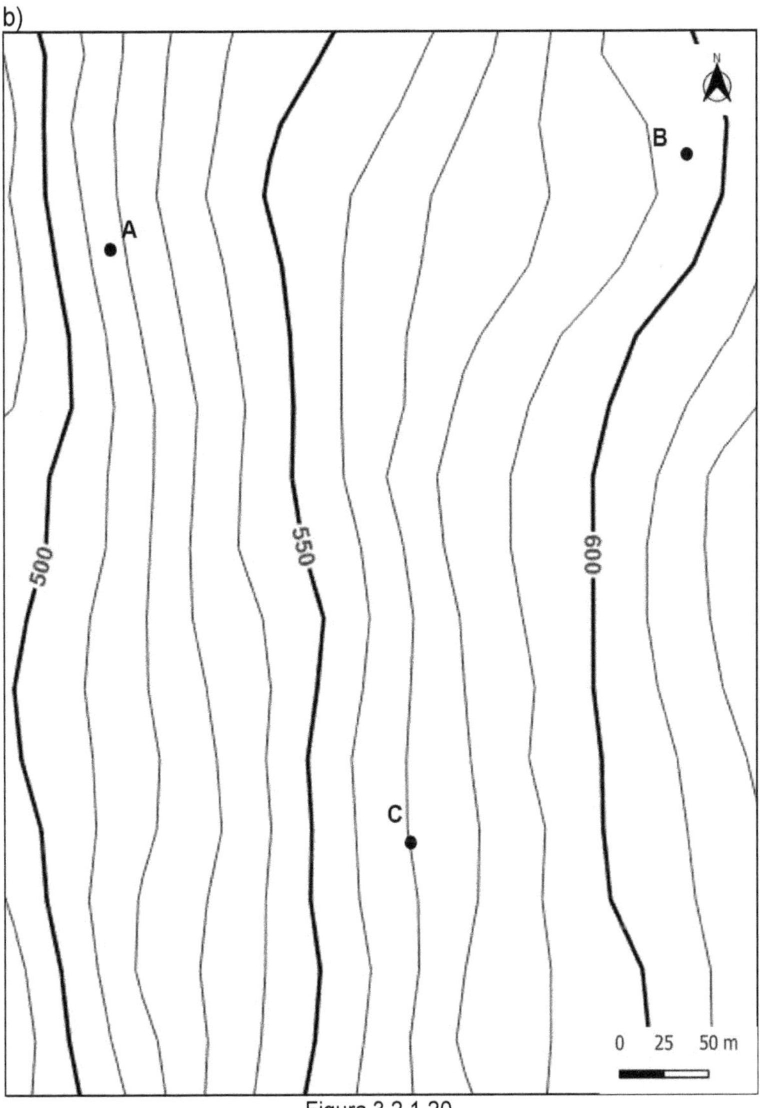

Figura 3.2.1.20.

3.3 NIVELAMENTO

O nivelamento é o serviço que determina a cota de pontos de uma área para definição do relevo local. Utiliza como como plano de referência inferior o nível médio dos mares.

Os equipamentos utilizados em trabalhos para definição de altimetria são vários como: teodolito, GPS, RTK, Estação Total, Drones, etc.

Teodolito utiliza uma superfície de referência predeterminada para determinação das cotas e altitudes medidas. Enquanto GPS, RTK e estação total utilizam sinais de satélite para posicionamento e determinação da altitude local.

Entre os vários métodos aplicados (trigonométrico, barométrico, taqueométrico) destaca-se o Nivelamento Geométrico, o qual será apresentado neste trabalho devido a sua precisão e qualidade.

As cotas determinadas através de teodolito ou nível ótico são calculadas por meio de tratamentos geométricos e trigonométricos. O método geométrico é o procedimento que determina a diferença de nível entre dois pontos utilizando uma visada horizontal entre miras topográficas. Procedimento executado com NÍVEL, TEODOLITO ou ESTAÇÃO TOTAL.

A leitura das miras segue um padrão como apresentado nas figuras 3.3.1 e 3.3.2. Onde estas utilizam um sistema de cores determinando os metros e espaçamentos menores delimitando os centímetros. A numeração serve como guia para a leitura através da imagem vista na luneta (figura 3.3.3). Outros elementos importantes para leitura são os fios estadimetricos ou fios do retículo da luneta denominados fio superior (FS), fio médio (FM) e fio inferior (FI). Sendo utilizados para medidas de distância horizontal (DH) durante cálculos trigonométricos ou estadimétricos.

Em cálculos estadimétricos a distância horizontal (DH) é calculada de acordo com a equação abaixo. Pois através da semelhança de triângulos formados no sistema ótico da luneta apresentada na figura 3.3.4. podemos formar a equação, sabendo que o a razão $f/h = 100$ é a constante do aparelho.

3.3.1 Nivelamento Geométrico

No método geométrico de medida de cotas e altitudes as miras são posicionadas nos desníveis que se desejam determinar e faz-se a leitura. Esta leitura é realizada primeiramente com a visada de ré e em seguida com a visada de vante. A visada de ré está relacionada a mira antes da estação onde se encontra o equipamento de leitura (nível ótico ou teodolito). Enquanto a visada de vante diz respeito a próxima mira na frente do levantamento (figura 3.3.1.1). O levantamento é denominado Nivelamento Simples quando não há mudança do instrumento e nivelamento composto quando ocorre a mudança devido as condições do terreno (figuras 3.3.1.2 e 3.3.1.3).

Utilizando o nível médio dos mares como o Datum, plano de referência inferior para determinação da cota do primeiro ponto, obtemos o referencial de nível (RN). A partir deste podemos calcular as cotas dos demais pontos através da linha de visada em nível horizontal, chamada aqui de plano de referência superior (PR). A cota do plano PR é definida através da soma do RN com a altura do instrumento (AI). Enquanto o cálculo das cotas dos demais pontos consiste em subtrair o valor do PR pelo FM lido na visada. Quando há mudança do equipamento é feita uma leitura de Ré e soma-se este FM com a cota deste ponto de Ré para determinação do novo PR. Prosseguindo com este procedimento até o final do caminhamento.

PR = RN + AI

Cota dos pontos visados = PR - FM

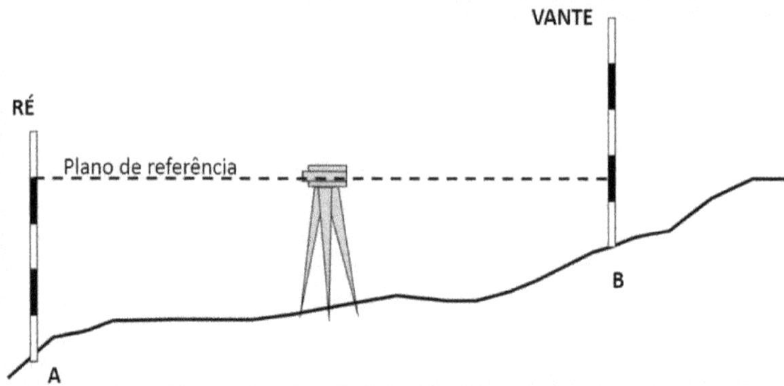

Figura 3.3.1.1. Leitura em nivelamento geométrico simples.

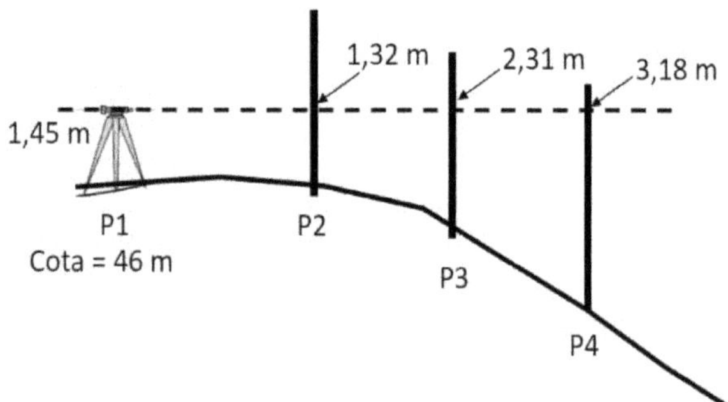

Figura 3.3.1.2. Nivelamento Geométrico Simples.

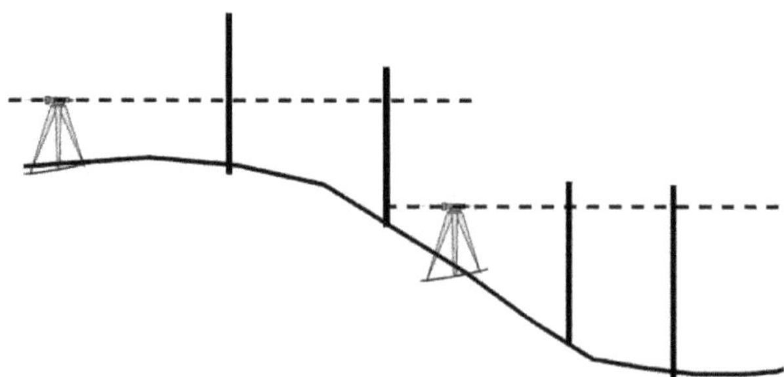

Figura 3.3.1.3. Nivelamento Geométrico Composto.

Exemplo:
Determinar a cota dos pontos obtidos em levantamento topográfico e apresentados no croqui abaixo.

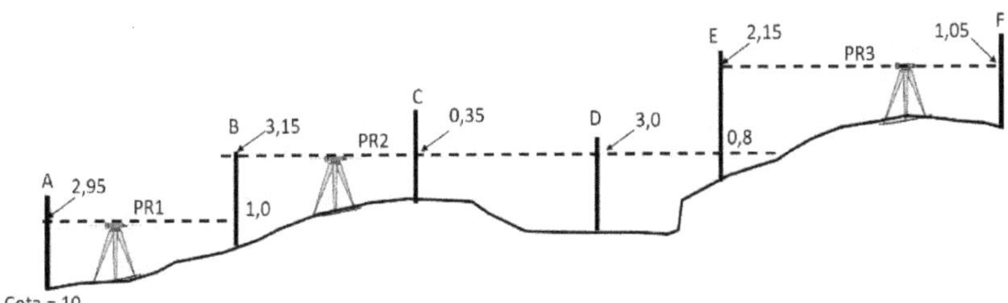

Figura 3.3.1.4.

Resolução:
Utilizando a cota definida no ponto A, calcula-se o primeiro plano superior de referência (PR), identificado como PR1. Somando esta cota com a leitura da mira:

PR1 = 12,95

A cota do próximo ponto (B) é calculada a partir da subtração deste plano de referência com a leitura da mira em B.

Cota B = PR1 - FM de B = 12,95 – 1,0 = 11,95

Em seguida o equipamento é transportado para próxima estação devido à grande variação do nível do terreno.
É realizada uma leitura de RÉ e calculada o novo plano de referencia (PR2).

PR2 = cota de B + leitura de RÉ = 11,95 + 3,15 = 15,1

Assim, são calculadas as demais cotas dos pontos destacados, como é apresentado na tabela 3.4.2.

Tabela 3.3.1.1. Nivelamento geométrico do perfil.

PONTO	PR	RÉ	VANTE	COTA

			Intermediária	Mudança	
A	12,95	2,95			10
B	12,95			1	11,95
B	15,10	3,15			11,95
C	15,10		0,35		14,75
D	15,10		3		12,1
E	15,10			0,8	14,3
E	16,45	2,15			14,3
F	16,45			1,05	15,4

Exemplo:
Calcule as cotas dos pontos apresentados no croqui abaixo.

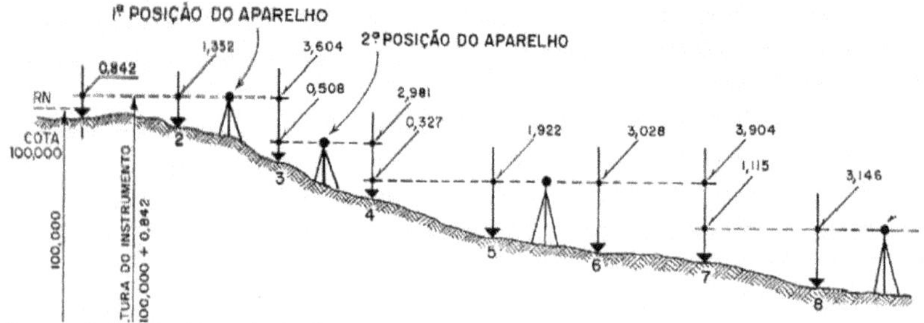

Figura 3.3.1.5. Croqui de levantamento altimétrico. Modificado de Borges (2013).

Resolução:
Resolver de acordo com os cálculos apresentados no exemplo anterior.
Os resultados estão apresentados na tabela abaixo (tabela 3.3.1.2)

Tabela 3.3.1.2. Nivelamento geométrico do perfil.

PONTO	PR	RÉ	VANTE		COTA
			Intermediária	Mudança	
1	100,842	0,842			100,000
2			1,352		99,420
3				3,604	97,238
	97,746	0,508			
4				2,981	94,765
	95,092	0,327			
5			1,922		93,170
6			3,028		92,064
7				3,904	91,188
	92,303	1,115			
8				3,146	89,157

3.4 PRODUTOS CARTOGRÁFICOS

Os dados obtidos em campo com coordenadas x, y e z, bem como informações adicionais dos pontos topográficos, organizados em tabelas digitais são tratados por softwares de geoprocessamento para produção de cartas topográficas. As cartas possuem uma série de elementos comuns em qualquer mapa temático como:

a) Título
b) Simbologias (convenções)
c) Base de origem
d) Referências
e) Indicação do norte
f) Escala
g) Sistema de projeção
h) Sistema de coordenadas

Os softwares utilizados são aqueles que possuem funções de SIG (Sistema de Informação Geográfica) e PDI (Produção Digital de Imagens) como por exemplo: QGIS, ArcGIS, gvSIG, TopoGRAPH, AutoCAD e TopoEVN. Estes permitem a produção digital de mapas de curvas de nível ou mapas hipsométricos (figura 3.4.1). As curvas de nível representam o relevo através de linhas que unem pontos de mesma cota permitindo uma interpretação de toda forma de relevo do terreno dentro da escala definida. Enquanto o mapa hipsométrico representa o relevo através de uma escala de cores utilizando o nível médio dos mares como nível de referência. As cores, geralmente avermelhadas, representam as áreas mais elevadas enquanto o verde e o azul as regiões mais próximas ao nível de referência.

A simbologia utilizada, também chamada de convenções cartográficas, permitem a identificação de pontos importantes no terreno, dependendo do tema apresentado no mapa (figuras 3.4.2 e 3.4.3). Tendo um significado que facilita a leitura da carta, definidos para que permita a leitura da informação no mapa por qualquer pessoa em qualquer parte do mundo.

Para representar estes elementos cartográficos a figura 3.4.4. é um exemplo de carta topográfica. Com o título, LONDRINA, o documento representa o aspecto do relevo na região do município de mesmo nome no Estado do Paraná, sul do Brasil.

Identificada como Folha LONDRINA, a carta pode ser localizada no espaço geográfico através do código SF.22-Y-D-III-4 no canto superior direito. Uma nomenclatura que facilita a localização da carta que segue um padrão internacional. Neste sistema as demais cartas menores são desenvolvidas com aumento da escala dentro de cada uma destas quadrículas maiores que dividem a superfície do globo terrestre. Um padrão denominado Carta Internacional do Mundo ao Milionésimo (CIM). Assim, podemos identificar a carta maior onde a folha LONDRINA está inserida. Pois as letras SF significam que a folha está ao Sul da Linha do Equador na sequência F do alfabeto. Enquanto o número 22 representa a zona UTM 22. As demais letras e números demonstram a subdivisão da folha, identificada como articulação da folha.

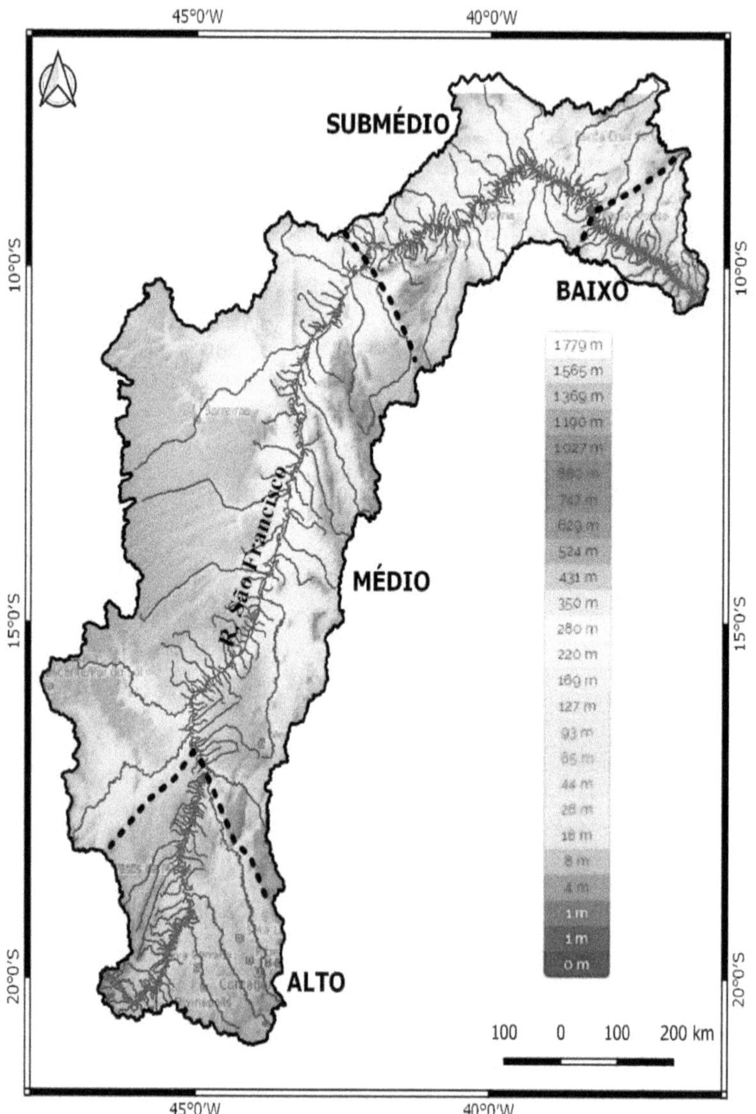

Figura 3.4.1. Mapa topográfico da Bacia do Rio São Francisco.

LOCALIDADES
LOCALITIES

Área edificada
Populated places

Capital
Capital
Cidade
City
Vila
Village
Povoado, núcleo
Small community
Propriedade rural, lugarejo
Small rural localities
Aldeia indígena
Indian settlement

Acima de 1 000 000 de habitantes *Over 1.000.000 inhabitants*	CIDADE
De 500 000 a 1 000 000 de habitantes *From 500.000 to 1.000.000 inhabitants*	CIDADE
De 100 000 a 500 000 habitantes *From 100.000 to 500.000 inhabitants*	CIDADE
De 20 000 a 100 000 habitantes *From 20.000 to 100.000 inhabitants*	CIDADE
De 5 000 a 20 000 habitantes *From 5.000 to 20.000 inhabitants*	Cidade
Menos de 5 000 habitantes *Less than 5.000 inhabitants*	Cidade
Povoado, núcleo *Small community*	Povoado
Propriedade rural, lugarejo *Small rural localities*	Lugarejo

LIMITES
BOUNDARIES

Marco de fronteira
Spot elevation
Internacional
International
Estadual
State
Área em litígio
Disputed territory
Municipal
Municipal

Unidades de conservação
Conservation units
Terras indígenas
Native people land
Bacias hidrográficas
Watershed

Figura 3.4.2. Exemplo de simbologias utilizadas em cartografia. Fonte: IBGE.

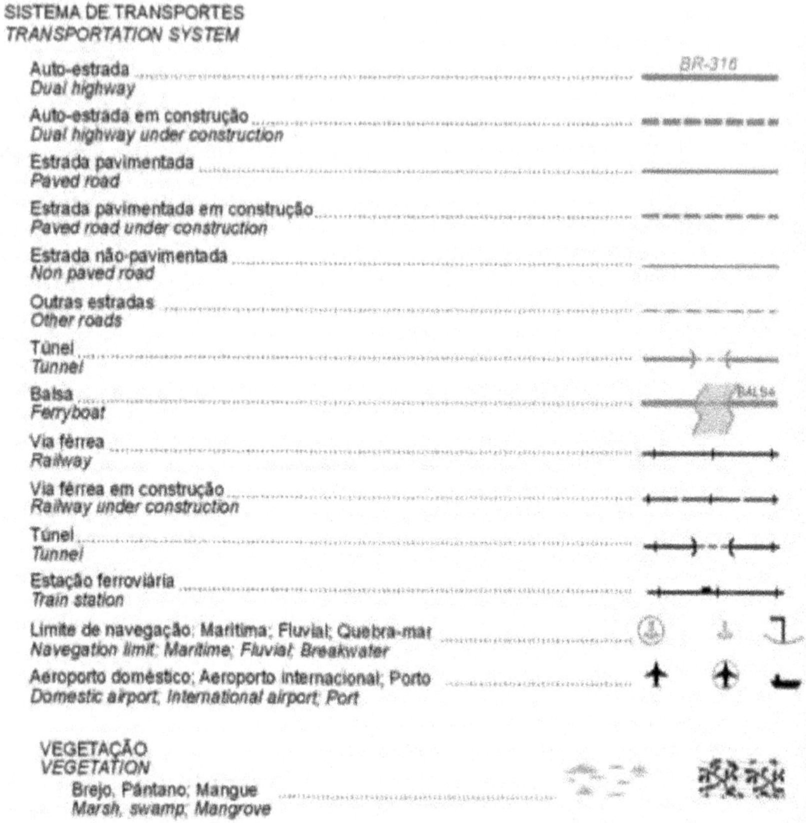

SISTEMA DE TRANSPORTES
TRANSPORTATION SYSTEM

Auto-estrada — BR-316
Dual highway

Auto-estrada em construção
Dual highway under construction

Estrada pavimentada
Paved road

Estrada pavimentada em construção
Paved road under construction

Estrada não-pavimentada
Non paved road

Outras estradas
Other roads

Túnel
Tunnel

Balsa — BALSA
Ferryboat

Via férrea
Railway

Via férrea em construção
Railway under construction

Túnel
Tunnel

Estação ferroviária
Train station

Limite de navegação: Marítima; Fluvial; Quebra-mar
Navegation limit: Maritime; Fluvial; Breakwater

Aeroporto doméstico; Aeroporto internacional; Porto
Domestic airport; International airport; Port

VEGETAÇÃO
VEGETATION

Brejo, Pântano; Mangue
Marsh, swamp; Mangrove

Figura 3.4.3. Exemplo de simbologia utilizada em cartografia. Fonte: IBGE.

MINISTÉRIO DO EXÉRCITO - DEPARTAMENTO DE ENGENHARIA E COMUNICAÇÕES
DIRETORIA DE SERVIÇO GEOGRÁFICO
REGIÃO SUL DO BRASIL - 1:50.000

Figura 3.4.4. Detalhe da carta topográfica. Fonte: Diretoria de Serviço Geográfico (1996).

3.5 PLANIALTIMETRIA

A junção os dados de planimetria (limites de áreas, cadastros, estradas e rios, etc) e altimetria (estudos de vales, taludes e trechos montanhosos) forma os produtos planialtimétricos através de cartas topográficas e produtos digitais. Os dados obtidos por tequeometria em teodolito, medidas do terreno com estações totais, RTK ou Drones são trabalhados por softwares que facilitam a produção de mapas de curvas de nível ou imagem digital de relevo em cores.

O desenho planialtimétrico ou topográfico é realizado em escritório a partir de dados coletados e do croqui obtidos em trabalho de campo. Este serviço é realizado através do uso de softwares desenvolvidos como é o caso do AUTOCAD. Uma ferramenta bastante utilizada na engenharia para produção de cartas através das medidas de coordenadas e elevação, coordenadas x, y e z. os dados permitem a criação de mapas em curvas de nível ou mapas digitais de elevação em cores.

A NBR 13133 descreve os padrões utilizados para a execução de levantamento topográfico destinado a obter conhecimento geral do terreno para diversos fins e produção de cartas. Seguindo o sistema comum de confecção com simbologias, legendas, articulação da folha, sistema de coordenadas e outros elementos cartográficos.

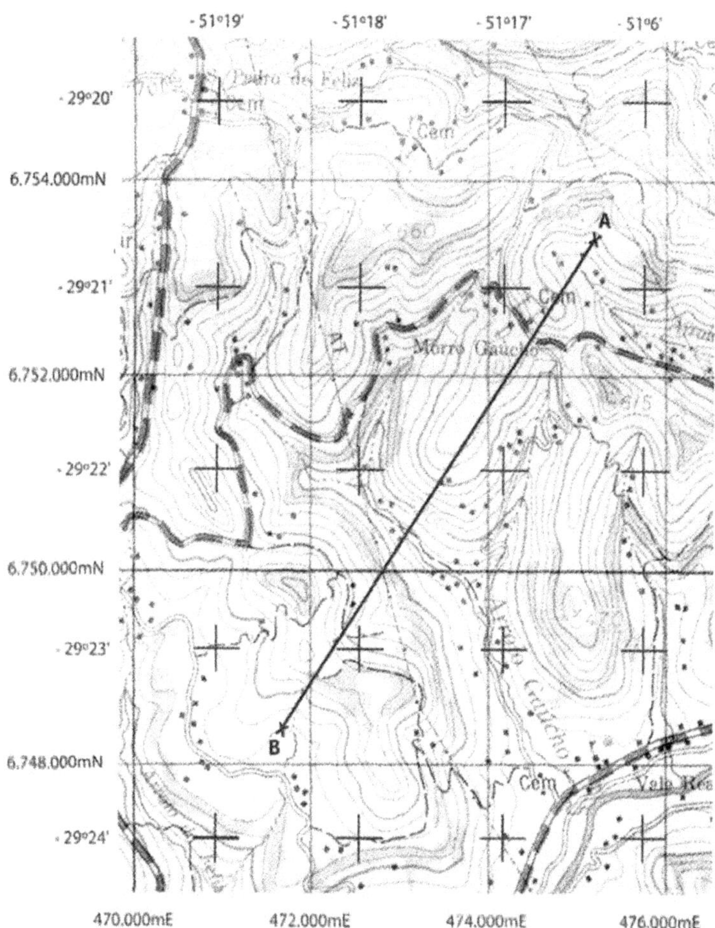

Figura 3.5.1. Exemplo de carta topográfica com curvas de nível. Modificado de Fitz (2008).

A produção de desenho topográfico segue a orientação do croqui que é um esboço gráfico sem escala feito em campo para orientação do trabalho em escritório. O resultado apresenta dados planialtimétricos informando também áreas de imóveis, áreas inadequadas para habitação, áreas de aterros ou áreas de cortes de terreno ou pontos específicos de projetos, entre outros.

Softwares de geoprocessamento permitem a criação de imagens chamadas de MDT (Modelo Digital de Terreno) que apresentam o relevo local através de falsa cor ou em curvas de nível. Onde os pixels da imagem encontram-se posicionados de acordo com o sistema de referência geográfica.

Nas figuras 3.5.3 e 3.5.4 podemos ver as duas formas de apresentação da topografia. A primeira em curvas de nível com diferença de 5 m entre as linhas. Enquanto a segunda apresenta o mesmo relevo em escala de cores, onde os tons avermelhados são as maiores cotas.

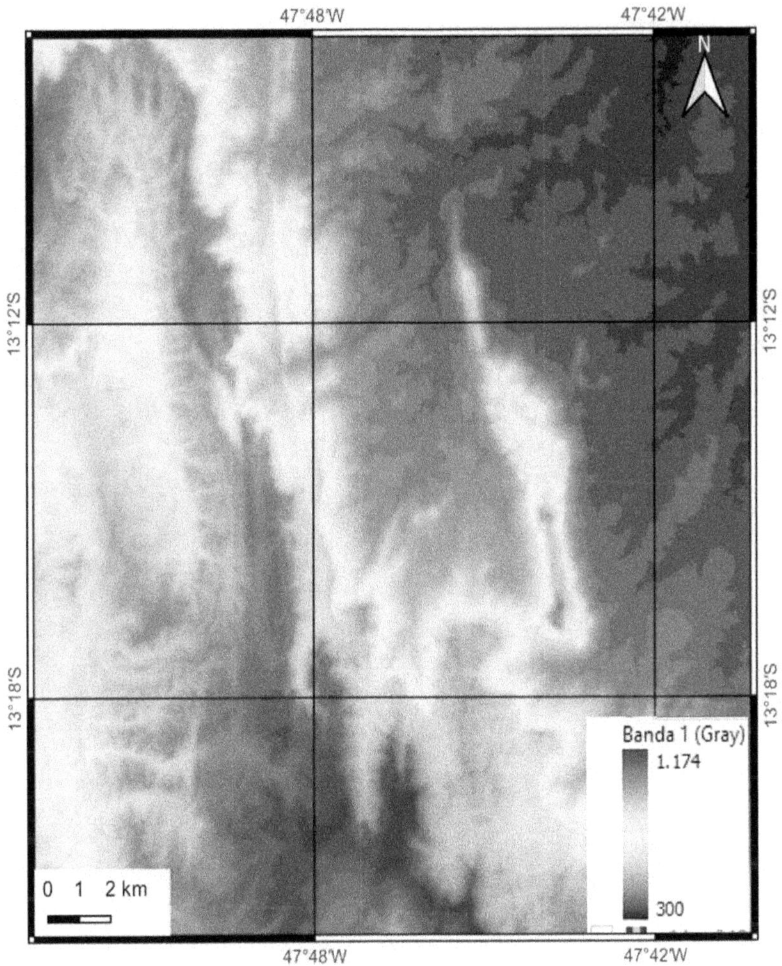

Figura 3.5.2. Exemplo de Modelo Digital de Terreno (MDT).

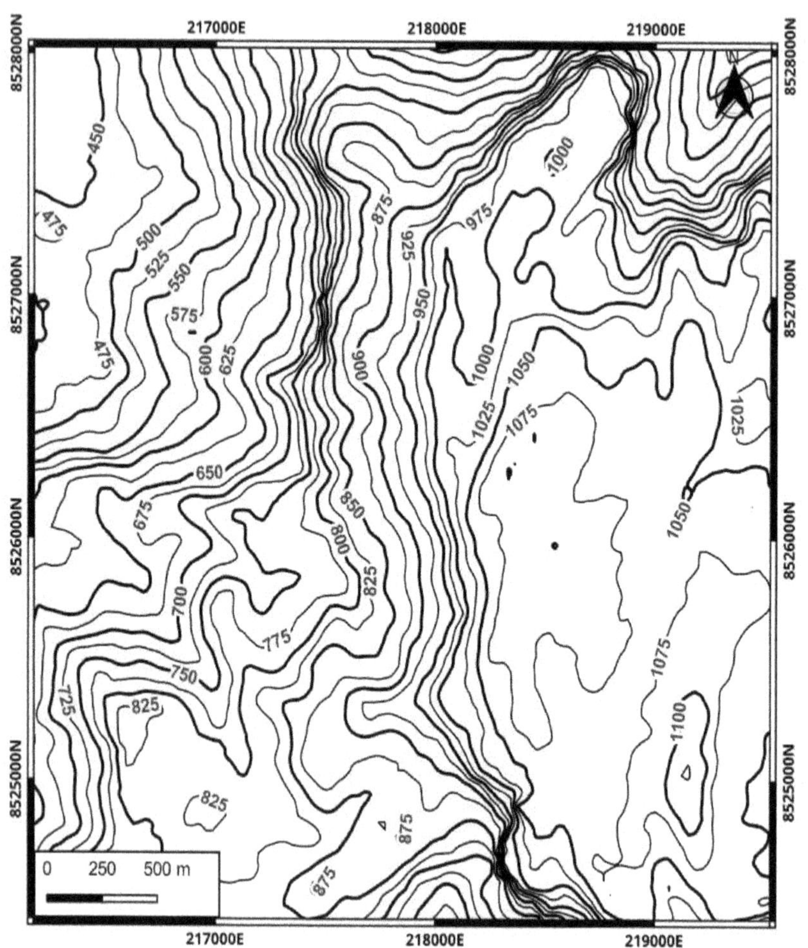

Figura 3.5.3. Mapa de curvas de nível com linhas mestras.

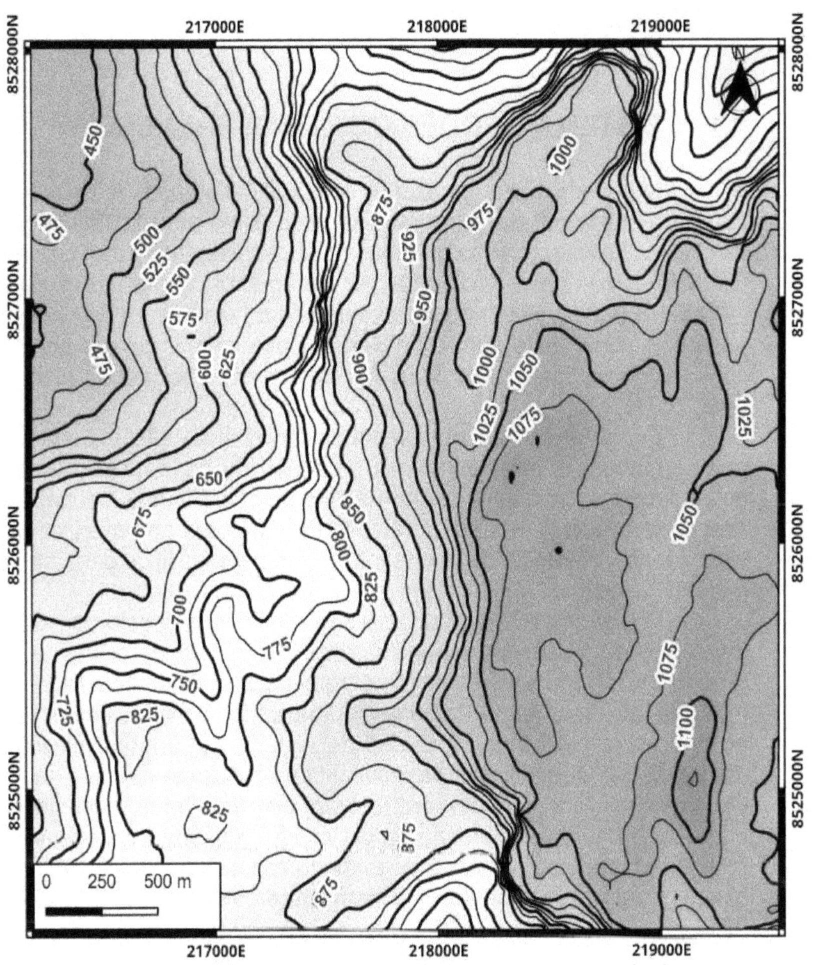

Figura 3.5.4. Mapa de curvas de nível com linhas mestras e escala de cores.

4 – GEODÉSIA

4.1 SISTEMA GEODÉSICO DE REFERÊNCIA

O planeta Terra, de acordo com suas diferenças entre o eixo polar e o equatorial pode ser representado como um ELIPSOIDE de revolução. Entretanto, uma outra forma de representação da Terra é o GEOIDE, uma figura produzida por parâmetros geofísicos e nível médio dos mares. Podendo ser definido como uma figura que possui superfície coincidente com o nível médio dos mares, gerada por um conjunto de pontos de acordo com o campo gravitacional do planeta (Fitz, 2008).

Estas formas de representação do planeta são importantes para a topografia pois, durante a produção de cartas topográficas, estas devem estar dentro de um sistema de coordenadas conhecido. Assim, para que determinar a relação de um ponto no terreno a um elipsoide de referência deve existir um sistema especifico para isto, o Sistema Geodésico de Referência.

O Sistema Geodésico Brasileiro (SGB) é composto por redes de altimetria, gravimetria e planimetria. O referencial de altimetria do Brasil possui marco zero no Marégrafo de Imbituba, localizado no Porto de Imbituba, Santa Catarina (figuras 4.1.2). Servindo como nível de referência para todas medidas de altitude no território nacional (figura 4.1.3). O referencial de gravimetria é resultado da interligação de estações (gravímetros) distribuídas por todo país, recolhendo informações sobre aceleração da gravidade. Enquanto o sistema de coordenadas usado para fins de mapeamentos em geral no Brasil é baseado no referencial de planimetria, representado pelo SIRGAS 2000.

O Sistema de Referência Geocêntrica para as Américas (SIRGAS 2000) foi oficializado como referencial geodésico brasileiro em fevereiro de 2005. Este é um sistema resultado de uma rede de estações GNSS (Global Navigation Satellite System) distribuídos no continente americano.

Assim, os levantamentos topográficos e seus mapas ou cartas topográficas devem utilizar o Datum SIRGAS 2000, identificado na área de citações das referências do produto impresso ou produto digital.

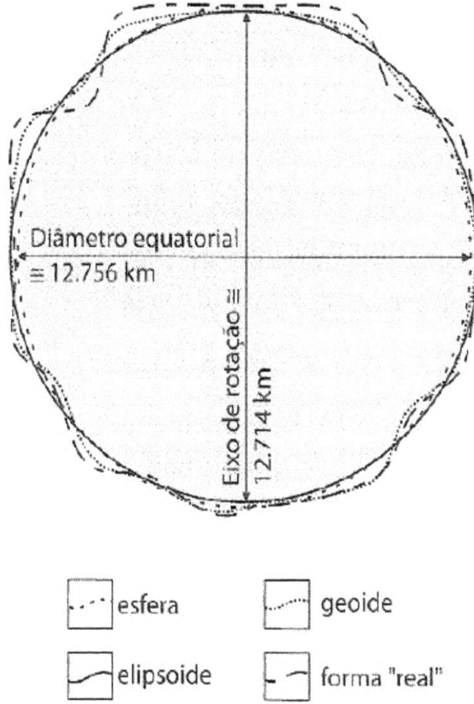

Figura 4.1.1. Formas de representações da Terra. Modificado de Fitz (2008).

Figura 4.1.2. Porto de Imbituba. Fonte: https://www.flickr.com/photos/canoafurada/1294464418/

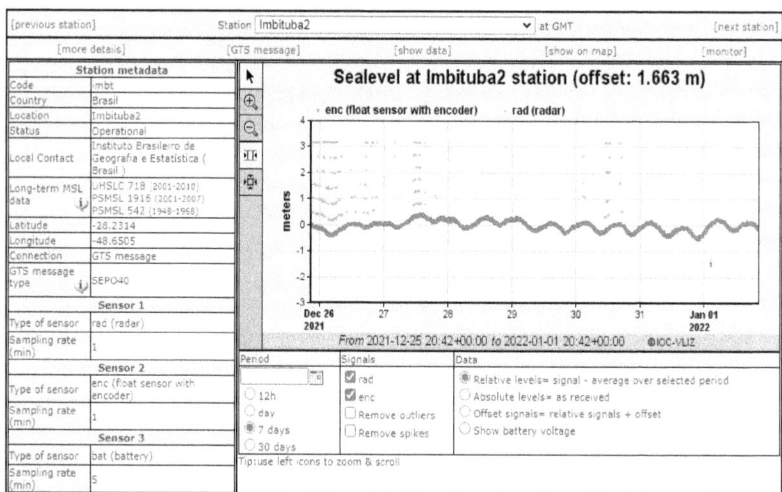

Figura 4.1.3. Registro do nível do mar no porto de Imbituba em um intervalo de 7 dias. Fonte: http://www.ioc-sealevelmonitoring.org/station.php?code=imbt

4.2 COORDENADAS OBTIDAS EM TRABALHO DE CAMPO

A obtenção das coordenadas nos pontos do terreno e feita através de aparelhos que utilizam o Sistema Global de Navegação por Satélite (*Global Navigation Satellite System* - GNSS). Um sistema que permite o posicionamento em pontos no terreno através de satélites artificiais. Estes, comunicando-se com receptores terrestres produzem sua localização, fornecendo latitude, longitude e altitude. A precisão varia de milímetros a metros dependendo do tipo de aparelho utilizado. Para esta localização é necessário pelo menos a comunicação do receptor com 4 satélites, sabendo que, quanto maior a constelação de satélites maior a precisão. Os sistemas GNSS em operação são, o americano Navstar GPS, o russo GLONASS, seguidos do europeu GALILEU e do chinês BeiDou.

Os receptores atualmente encontram-se em aparelhos celulares, aparelhos GPS, RTK e DRONES. Entretanto para levantamentos topográficos utiliza-se os aparelhos GPS para marcar a posição e altitude dos pontos topográficos, assim como o RTK. Os DRONES, também possuindo estes dispositivos de localização produzem imagens georreferenciadas.

Figura 4.2.1. Aparelho RTK usado em levantamentos topográficos para posicionamento no terreno. Fonte: https://geoespaciais.wordpress.com/2012/07/26/gps-na-topografia/

4.3 SISTEMA DE POSICIONAMENTO GLOBAL (GPS)

O GPS (*Global Positioning System*) é formado por três segmentos: o espacial, de controle e utilizador. O espacial é composto por 24 satélites distribuídos em seis planos orbitais. O segmento de controle é responsável pelo monitoramento das órbitas dos satélites. Por fim, o segmento do utilizador é o receptor GPS, responsável pela captação dos sinais fornecidos pelos satélites (Francisco, 2021).

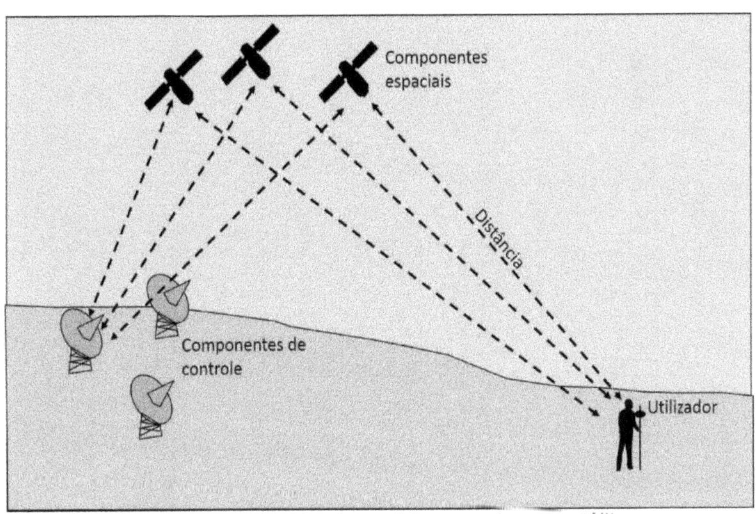

Figura 4.3.1. Sistema de posicionamento por satélites.

É de propriedade dos Estados Unidos e operado pela Força Espacial daquele país. Iniciado pelo Departamento de Defesa dos Estado Unidos, teve seu primeiro satélite lançado em 1978 e sua constelação completa de 24 satélites em 1993. Orbitam a uma altitude de 20.200 km, onde cada satélite circunda a Terra duas vezes por dia. Após a criação do GPS outros países desenvolveram seus próprios sistemas de geolocalização como é o caso dos sistemas GLONASS e GALILEU.

A localização do receptor no terreno é realizada após a comunicação do aparelho com uma constelação de satélites. Os quais transmitem suas coordenadas tridimensionais do ponto terrestre que se deseja medir.

4.4 SISTEMAS DE PROJEÇÃO

Os estudos geodésicos demonstram que a forma do planeta, de acordo com suas irregularidades, necessita de alguns ajustes para sua representação no plano cartográfico. Sendo assim definido o elipsoide de revolução como uma figura mais próxima da realidade e que melhor se adapta a tratamentos matemáticos para sua projeção. Os pontos do terreno são transferidos para um elipsoide e deste para o mapa através de um Sistema de Projeções Cartográficas.

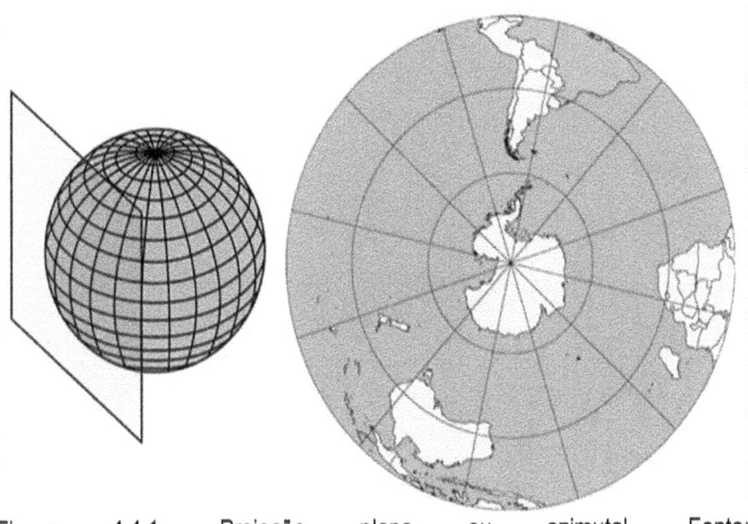

Figura 4.4.1. Projeção plana ou azimutal. Fonte: https://atlasescolar.ibge.gov.br.

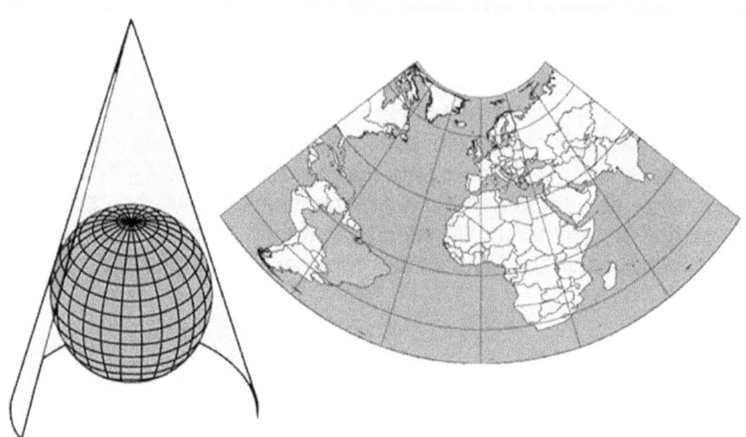

Figura 4.4.2. Projeção cônica. Fonte: https://atlasescolar.ibge.gov.br.

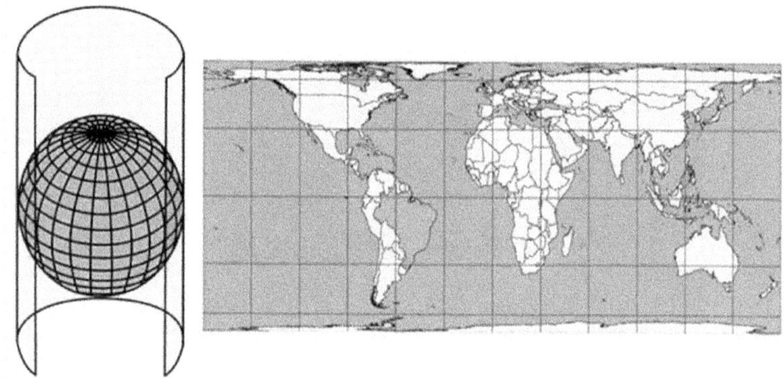

Figura 4.4.3. Projeção cilíndrica. Fonte: https://atlasescolar.ibge.gov.br.

Entre as diversas projeções podemos destacar que nas Projeções Cilíndricas as distorções da representação da superfície terrestre são menores nas áreas próximas a Linha do Equador e maiores próximas aos polos. Nas projeções cônicas as distorções são maiores nas áreas próximas a Linha do Equador e nos polos, diminuindo nas regiões dos trópicos. Enquanto para Projeções Planas ou Azimutais as maiores distorções ocorrem nas áreas mais afastadas do centro da projeção e, consequentemente, menores nas áreas centrais (Boligian e Alves, 2004).

As projeções também são classificadas de acordo com suas DEFORMAÇÕES, como apresentado a seguir:

CONFORMES – não há deformação nos ângulos.

EQUIVALENTES – mantem as dimensões das áreas representadas.

EQUIDISTANTES - mantem a distância entre pontos no terreno. Sem deformações lineares.

AZIMUTAIS ou ZENITAIS – mantem as linhas vindas do ponto central da projeção correspondentes as linhas do globo terrestre.

AFILÁTICAS ou ARBITRÁRIAS – elaborada para melhor representar a superfície terrestre sem finalidade de manter ângulos, distância ou azimutes.

A Projeção Cartográfica de Robinson é uma projeção cilíndrica afilática elaborada pelo cartógrafo e geógrafo norte-americano Arthur Robinson (1915-2004) na década de 1960. É classificada como cilíndrica, pois a sua elaboração ocorre como se envolvesse o globo terrestre em torno de um cilindro. Trata-se de uma das projeções cartográficas mais conhecidas em todo o mundo. Pois a grande vantagem da Projeção de Robinson é que, apesar de não preservar nem a forma e nem a correta área dos continentes, consegue minimizar as distorções que ocorrem nesses dois aspectos (Pena, 2021).

5 – VOLUMES

5.1. CÁLCULO DE VOLUMES

Os resultados de levantamentos planialtimétricos gerando mapas de curvas de nível ou MDT são aplicados em diversos projetos como é o caso de medidas de volumes usadas em terraplenagem. Onde, podem ser calculados volumes de material a ser cortado, aterro, empréstimo e bota-fora.

Para este trabalho deve ser utilizada a altimetria dividindo a área por quadrículas, onde as cotas serão apresentadas nos vértices das subdivisões, permitindo o cálculo dos volumes.

Observando que nestes exemplos apresentados não serão considerados o empolamento.

Exemplo:

Calcule o volume de solo a ser cortado com um plano de corte na cota 85.

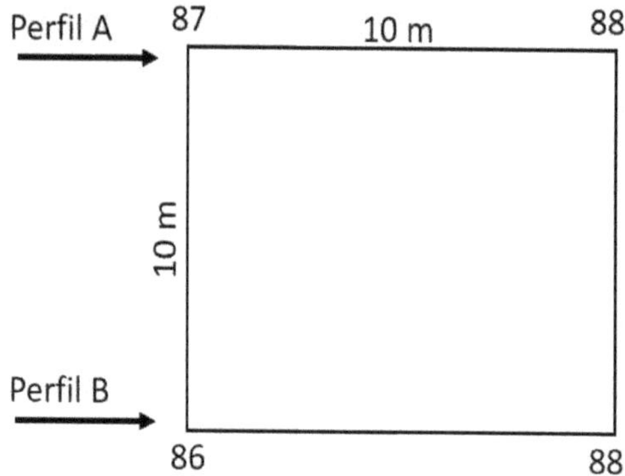

Figura 5.1.1. Área em planta para terraplenagem.

Resolução:

Neste caso será usado o cálculo por média das áreas laterais do maciço de solo, com perfis indicados pelas setas.

Assim, é realizado o cálculo da área dos perfis A e B que correspondem a áreas de trapézios.

Perfil A:

$$Área\,A = \frac{(2+3)}{2}.10 = 25m^2$$

Perfil B

$$Área\,B = \frac{(1+3)}{2}.10 = 20m^2$$

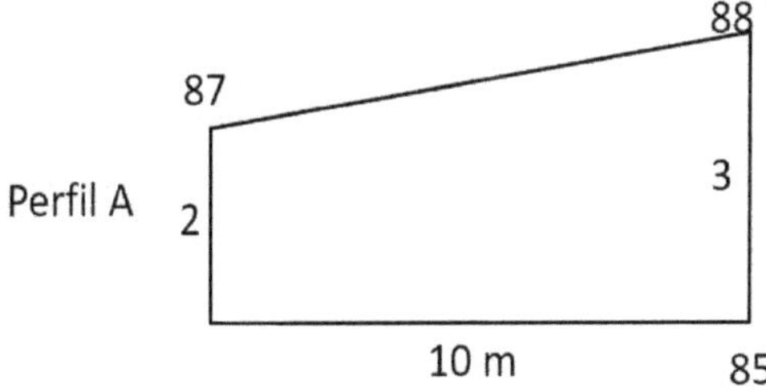

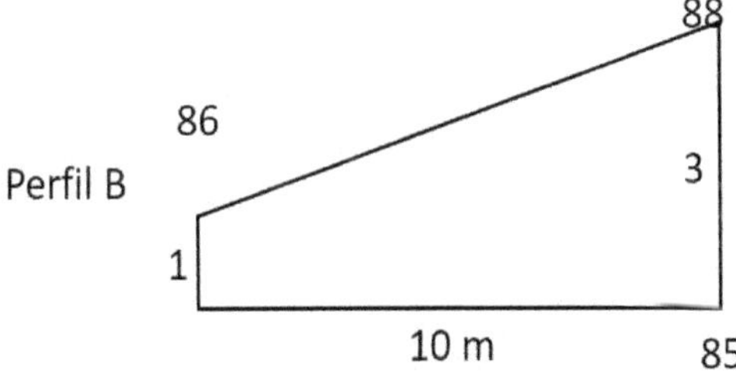

Figura 5.1.2.

Então, o volume pode ser calculado como demonstrado abaixo:

$$V_{corte} = \frac{(A_1 + A_2)}{2}.L$$

Onde, A_1 e A_2, correspondem as áreas laterais dos perfis, enquanto L é a distância entre ambas.

$$V_{corte} = \frac{(25+20)}{2}.10 = 225m^3$$

Uma outra forma de calcular o volume do maciço de solo é através da média das alturas e a área da base (figura 5.1.3). Neste caso calcula-se a média das alturas e multiplica-se seu resultado pela área da base do maciço, utilizando a equação abaixo:

$V = A.(h_1+h_2+h_3+h_4)/4$

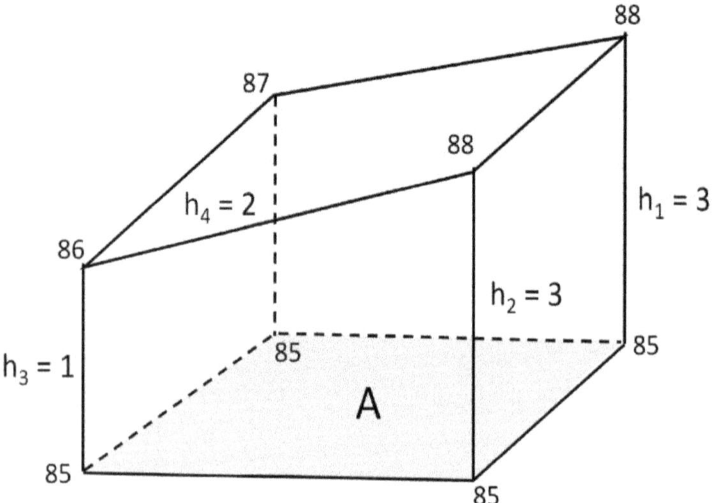

Figura 5.1.3. Maciço de solo com alturas em relação ao plano de corte.

Assim, teremos o seguinte cálculo:

V_{corte} = (10x10).{(1+2+3+3)/4}

V_{corte} = 225 m^3

Exemplo:

Calcular o volume de corte de solo da área para terraplenagem com plano de corte na cota 3.

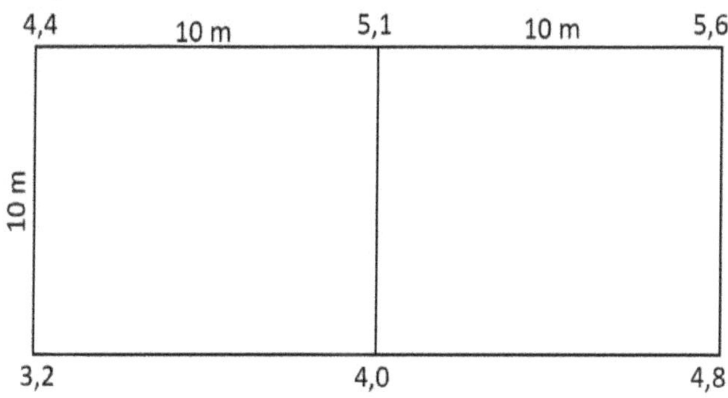

Figura 5.1.4.

Resolução:

Neste caso podemos definir os perfis A e B, seguido do cálculo dos volumes separadamente identificados por V1 e V2 como demonstra a figura abaixo:

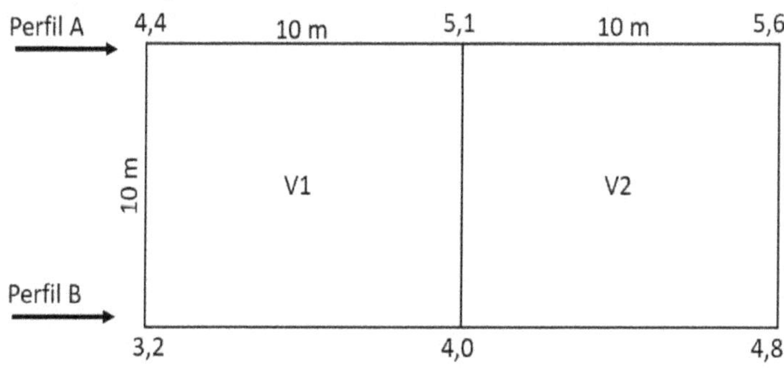

Figura 5.1.5.

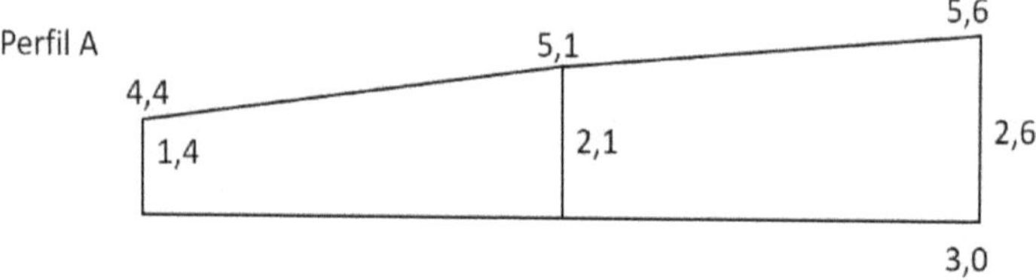

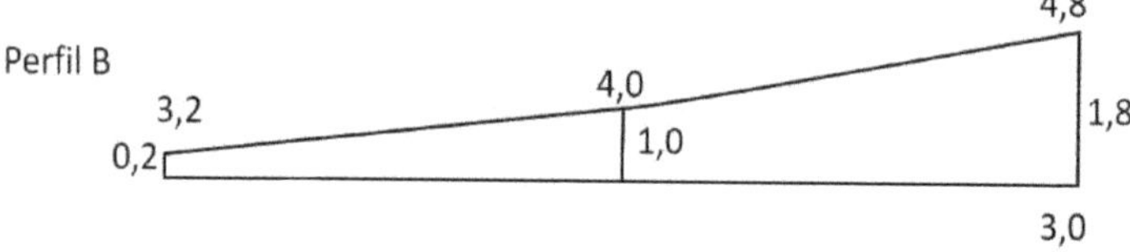

Figura 5.1.6.

Assim, são calculadas as áreas dos perfis:

$$A_{1A} = \frac{(1,4 + 2,1)}{2} . 10 = 17,5m^2$$

$$A_{2A} = \frac{(2,1 + 2,6)}{2} . 10 = 23,5m^2$$

$$A_{1B} = \frac{(0,2 + 1)}{2} . 10 = 6m^2$$

$$A_{2B} = \frac{(1 + 1,8)}{2} . 10 = 14m^2$$

Onde, A_{1A}, A_{2A}, A_{1B} e A_{2B}, correspondem as áreas dos trapézios dos perfis A e B, respectivamente.

Então, os volumes de corte são:

$$V_1 = \frac{(17,5 + 6)}{2} . 10 = 117,5m^3$$

$$V_2 = \frac{(23,5 + 14)}{2} . 10 = 187,5m^3$$

E o volume total de corte da área é a soma dos volumes calculados separadamente:

$$V_{total} = 117{,}5 + 187{,}5 = 305m^3$$

Uma outra forma de realizar o cálculo de volumes é o cálculo de volume de corte aproximadamente igual ao volume de aterro. Um método que consiste em encontrar o menor volume a ser escavado e com aproveitamento de todo material para aterro na mesma área. Algo que é interessante do ponto de vista prático e econômico, como demonstra o exemplo seguinte:

Exemplo:

Encontrar o menor volume de corte para o serviço de terraplenagem na área apresentada abaixo.

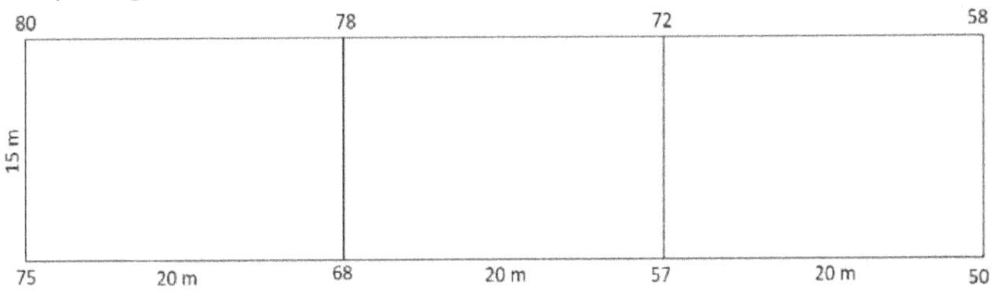

Figura 5.1.7.

Resolução:

Para encontrar o plano que fornece volumes de corte e aterro com valores aproximados, é calculada a média ponderada das cotas. Onde as cotas recebem pesos iguais ao número de áreas em contato com o ponto no terreno.

Assim, a média ponderada da área acima é calculada:

$$\bar{x} = \frac{80 + (78.2) + (72.2) + 58 + 50 + (57.2) + (68.2) + 75}{12} = 67{,}75$$

Obtendo o plano de corte na cota 67,75.

Em seguida, calculam-se as áreas dos perfis apresentados na figura 5.1.7:

Perfil A
A_{1A} = 225 m²
A_{2A} = 145 m²

Para os triângulos calcula-se os comprimentos de a e b através da relação de triângulos semelhantes, onde:

$$\frac{4{,}25}{a} = \frac{9{,}75}{b}$$

$$b = 2{,}29a$$

E a segunda equação através da relação:

$$a + b = 20$$
$$a + 2{,}29a = 20$$
$$a = 6{,}08$$

Assim:

$$b = 2{,}29.(6{,}08) = 13{,}92$$

Então, podemos calcular as áreas triangulares:
A_{3A} = 12,92 m²
A_{4A} = 67,86 m²

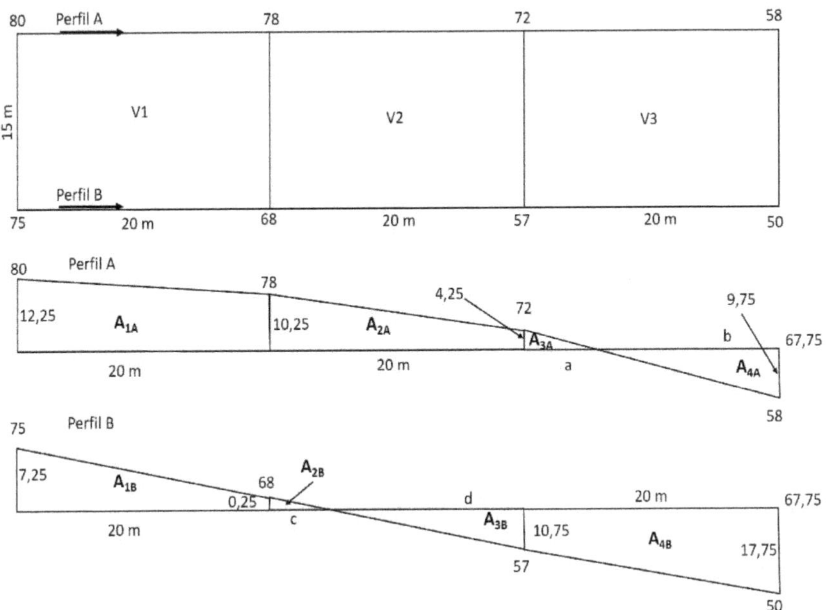

Figura 5.1.8. Área e perfis topográficos do solo. Obs.: perfis A e B sem escala vertical.

Perfil B

A_{1B}=75 m²

$$\frac{0{,}25}{c} = \frac{10{,}75}{d}$$

$$d = 43c$$

$$c + d = 20$$
$$c + 43c = 20$$
$$c = 0{,}45$$
$$d = 19{,}35$$

A_{2B} = 0,05 m²
A_{3B} = 104 m²
A_{4B} = 285 m²

Volume de corte

$$V_1 = \frac{(225 + 75)}{2}.15 = 2250m^3$$

$$V_2 = \frac{(145 + 0,05)}{2}.15 = 1087,87m^3$$

$$V_3 = \frac{(12,92 + 0)}{2}.15 = 96,9m^3$$

$$V_{corte} = (V_1 + V_2 + V_3) = 3434,77m^3$$

Volume de aterro
É obtido utilizando as áreas abaixo do plano de corte:

$$V_1 = \left(\frac{104}{2}\right).15 = 780m^3$$

$$V_2 = \left(\frac{67,86 + 285}{2}\right).15 = 2646,45m^3$$

$$V_{aterro} = V_1 + V_2 = 3426,45m^3$$

Sobra

Assim, é possível obter uma quantidade reduzida de corte do terreno, onde quase todo material gerado pode ser aproveitado para aterro no trabalho de terrapleno. O valor excedente, neste caso é uma sobra, de acordo com a diferença entre os dois volumes:

$$V_{sobra} = V_{corte} - V_{aterro} = 8,32m^3$$

Exemplo:
Calcule o volume de solo escavado.

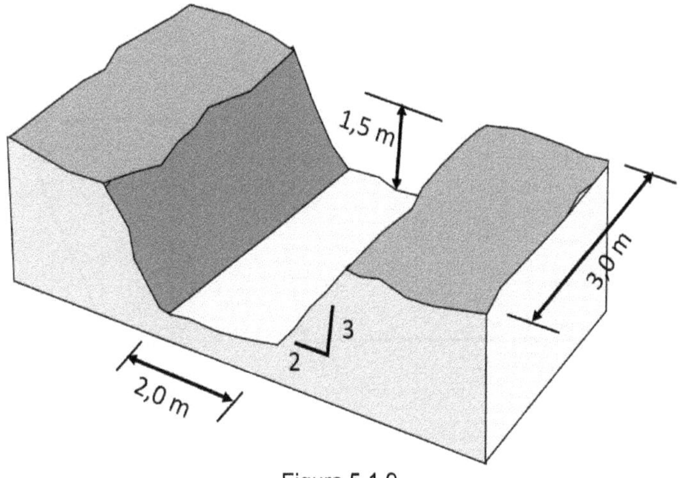

Figura 5.1.9.

Resolução:

Considerando a área do corte lateral da figura podemos identificar um trapézio, que pode ser multiplicado pela extensão longitudinal da escavação, obtendo o volume requerido.

A figura abaixo apresenta a figura da área lateral, onde podemos dividi-la em um retângulo e dois triângulos (figura 5.1.9). Permitindo o cálculo separadamente e a área total.

A1 = 2.1,5 = 3

Para o cálculo do triângulo, encontra-se o lado indicado por x através da relação de semelhança dos triângulos:

$$\frac{2}{3} = \frac{x}{1,5}$$

$$x = 1$$

Desta forma:

A2 = 0,75

A_{total} = A1 + A2 + A3 = 3+0,75+0,75 = 4,5 m^2

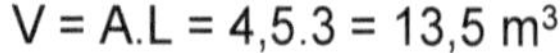

$V = A.L = 4{,}5.3 = 13{,}5\ m^3$

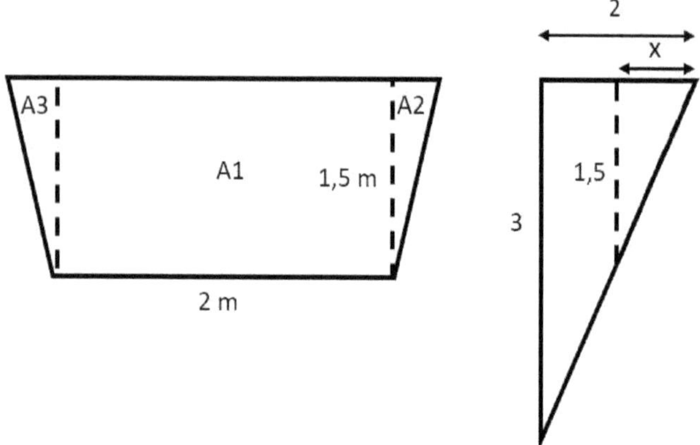

Figura 5.1.10.

Exemplo:

Calcule o volume de solo escavado com um plano inclinado com i=10%.

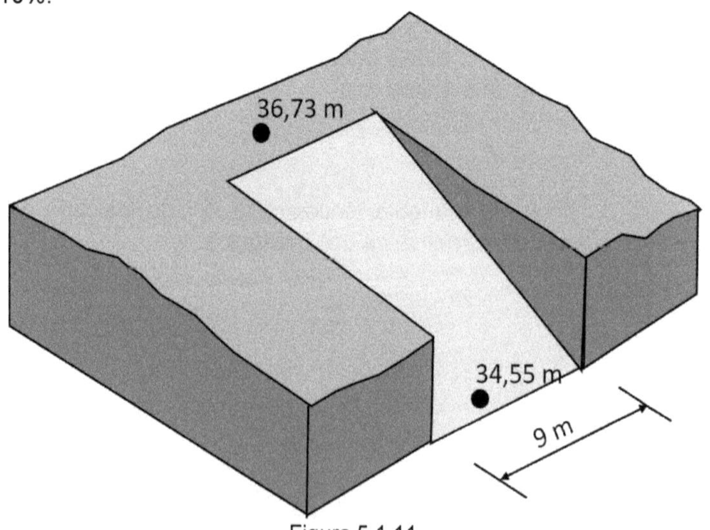

Figura 5.1.11.

Resolução:
Neste caso é possível calcular a área lateral triangular e multiplicar pela largura L, obtendo o volume de solo removido.
A área lateral é o triângulo retângulo representado abaixo e para obter a área precisa-se dos valores de DN e DH.

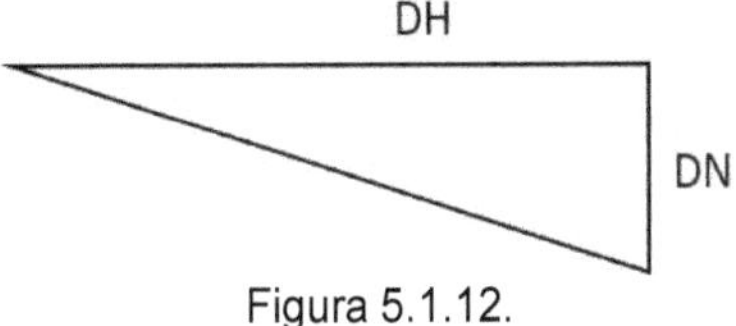

Figura 5.1.12.

O DN pode ser calcular com a diferença das cotas do terreno:
DN = 36,73 – 34,55 = 2,18
Enquanto o DH pode ser calculado de acordo com a declividade.

$$i = \frac{DN}{DH} . 100$$

$$10\% = \frac{2{,}18}{DH} . 100$$

$$DH = 21{,}8$$

Então, a área do triangulo é:

$$A = \frac{2{,}18 . 21{,}8}{2} = 23{,}76m^2$$

Assim, calcula-se o volume:
V = A.L = (23,76) . (9) = 213,84 m^2

Exemplo: A figura abaixo apresenta uma área com dados planialtimétricos apresentando nas cotas as alturas em relação ao plano de corte. Quantos metros cúbicos de solo devem ser removidos na área apresentada para um serviço de terraplenagem, sem levar em consideração a contração e expansão volumétrica por empolamento?

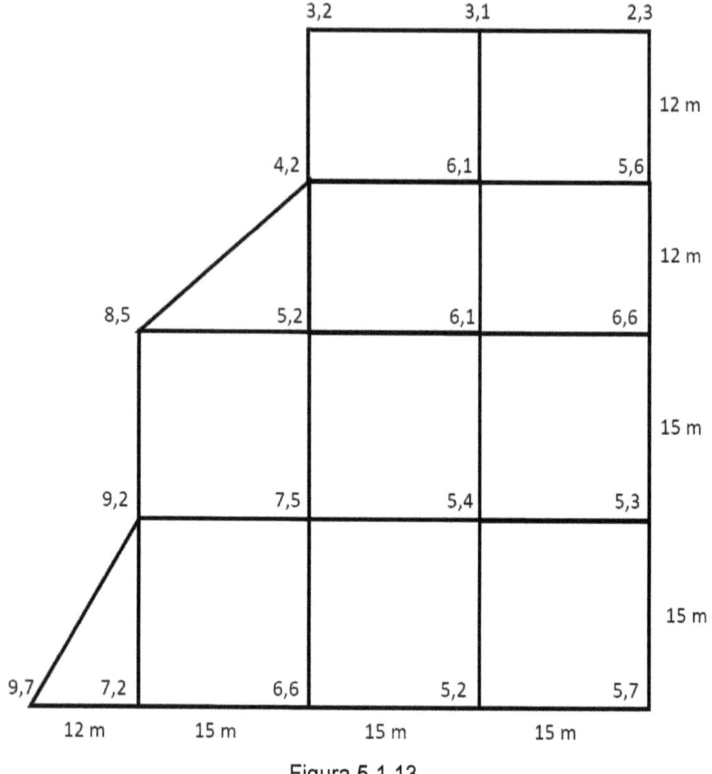

Figura 5.1.13.

Resolução:
Como o projeto apresenta apenas volume de corte pode-se aplicar o cálculo de volumes pela média das alturas. Assim, foram identificados os volumes a serem calculados em cada uma das subáreas como apresenta a figura a seguir.

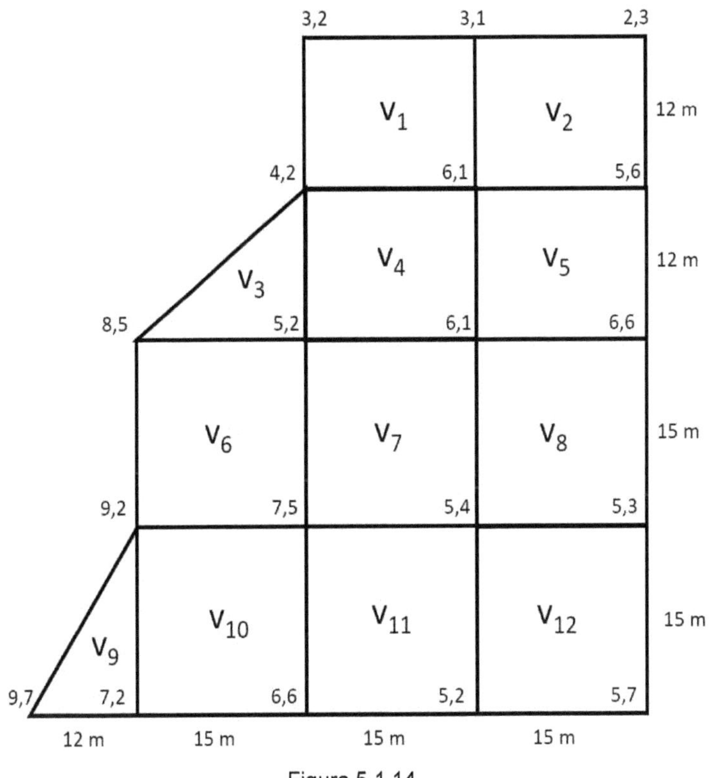

Figura 5.1.14.

Assim, podemos calcular o volume V1, como apresenta o cálculo abaixo:

V1 = (12).(15).(3,2+3,1+6,1+4,2)/4
V1 = 747 m^3

Modificando o cálculo apenas nas áreas em forma de triângulo retângulo, como é o caso do V3, apresentado a seguir:

$$V3 = \frac{12.15}{2} . \frac{4{,}2 + 5{,}2 + 8{,}5}{3}$$

$$V3 = 537\ m^3$$

Utilizando uma planilha de cálculos os valores laterais das quadrículas e as alturas podem ser arrumadas como apresenta a tabela abaixo. Os cálculos são realizados de acordo com as equações apresentadas e inseridas utilizando as células da planilha.

Assim, com os volumes individuais das áreas menores somadas temos o volume total do movimento de solo na área igual a 13.614,00 m^3.

Tabela 5.1.1. Tabela de cálculo de volumes. L1 e L2 – lados das áreas.

Identificação	L1	L2	A (m^2)	h1	h2	h3	h4	V (m^3)
V1	12	15	180	3,2	3,1	6,1	4,2	747,00
V2	12	15	180	3,1	2,3	6,1	5,6	769,50
V3	12	15	90	0	4,2	5,2	8,5	537,00
V4	12	15	180	4,2	6,1	6,1	5,2	972,00
V5	12	15	180	6,1	5,6	6,6	6,1	1098,00
V6	15	15	225	8,5	5,2	7,5	9,2	1710,00
V7	15	15	225	5,2	6,1	5,4	7,5	1361,25
V8	15	15	225	6,1	6,6	5,3	5,4	1316,25
V9	12	15	90	0	9,2	7,2	9,7	783,00
V10	15	15	225	9,2	7,5	6,6	7,2	1715,63
V11	15	15	225	7,5	5,4	5,2	6,6	1389,38
V12	15	15	225	5,4	5,3	5,7	5,2	1215,00
TOTAL								**13614,00**

Em softwares de planilhas a área de V1 pode ser calculada separadamente utilizando as e equação com as células apresentadas na figura abaixo:

=B2*C2

Onde o símbolo de igualdade (=) deve ser digitado na célula em que apresentara o resultado. E o asterisco (*) representa a multiplicação.

O volume então é calculado a partir da multiplicação da célula da área com as células de h_1, h_2, h_3 e h_4 divididas por 4, como mostra a equação abaixo.

=D2*((E2+F2+G2+H2)/4)

Fazendo as modificações para as áreas em triângulo retângulo como em V3, sendo:

=D4*((E4+F4+G4+H4)/3)

	A	B	C	D	E	F	G	H	I
1	identificação	L1	L2	A (m2)	h1	h2	h3	h4	V (m3)
2	V1	12	15	180	3,2	3,1	6,1	4,2	747,00
3	V2	12	15	180	3,1	2,3	6,1	5,6	769,50
4	V3	12	15	90	0	4,2	5,2	8,5	537,00
5	V4	12	15	180	4,2	6,1	6,1	5,2	972,00
6	V5	12	15	180	6,1	5,6	6,6	6,1	1098,00
7	V6	15	15	225	8,5	5,2	7,5	9,2	1710,00
8	V7	15	15	225	5,2	6,1	5,4	7,5	1361,25
9	V8	15	15	225	6,1	6,6	5,3	5,4	1316,25
10	V9	12	15	90	0	9,2	7,2	9,7	783,00
11	V10	15	15	225	9,2	7,5	6,6	7,2	1715,63
12	V11	15	15	225	7,5	5,4	5,2	6,6	1389,38
13	V12	15	15	225	5,4	5,3	5,7	5,2	1215,00
14	TOTAL								13614,00

Figura 5.1.15. Planilha de cálculo.

Após a criação das equações na linha 1, posicionando o cursor do mouse no canto inferior direito da célula de resultado D2 e puxando para baixo até a linha 14, a equação é repetida para as demais linhas. Fazendo o mesmo procedimento para a célula I2, teremos os volumes calculados automaticamente a partir do momento em que os valores de áreas e alturas são inseridos. Atentando apenas para as mudanças no cálculo nas áreas em triângulo.

5.1.1 EXERCÍCIOS

1. Calcule o volume de solo a ser removido para o trabalho de terraplenagem desprezando a contração e o empolamento nas seguintes situações. Os vértices representam as alturas com relação ao plano de corte em metros.

a)

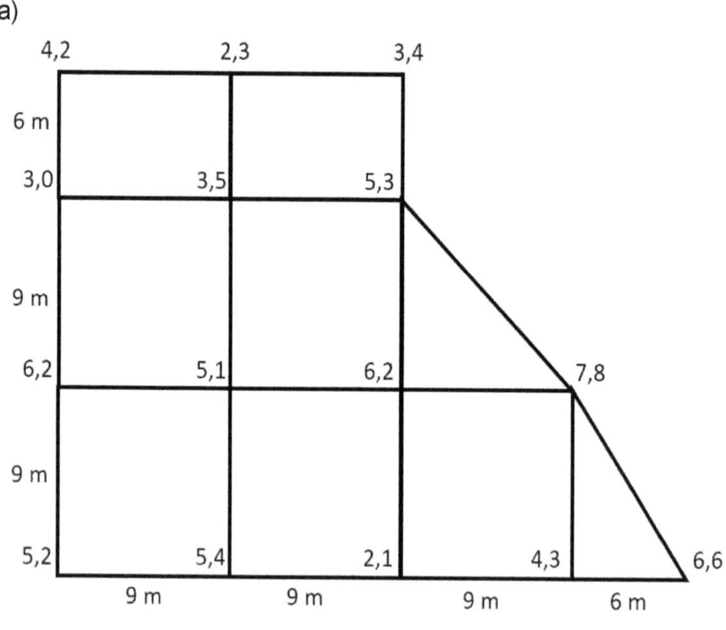

Figura 5.1.1.1.

Resposta: 2.804,85 m^3

b)

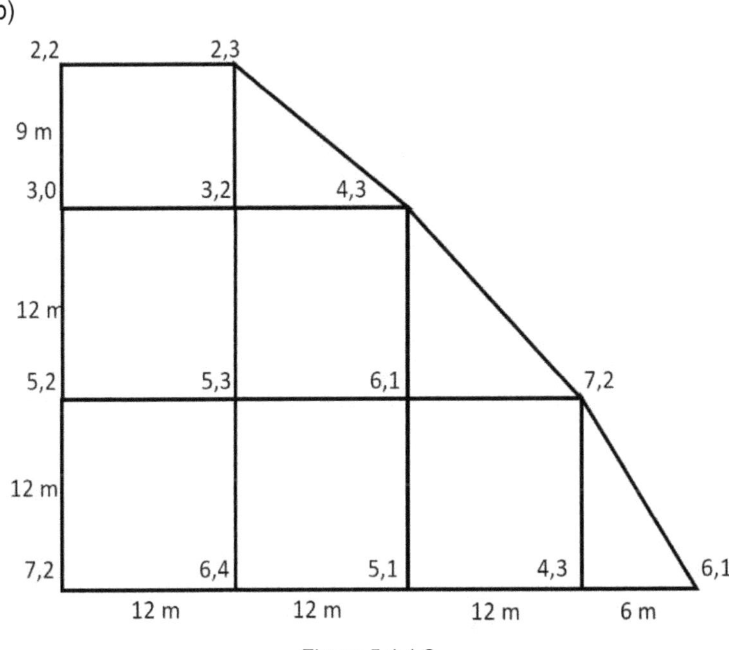

Figura 5.1.1.2.

Resposta: 4.889,70 m^3

c)

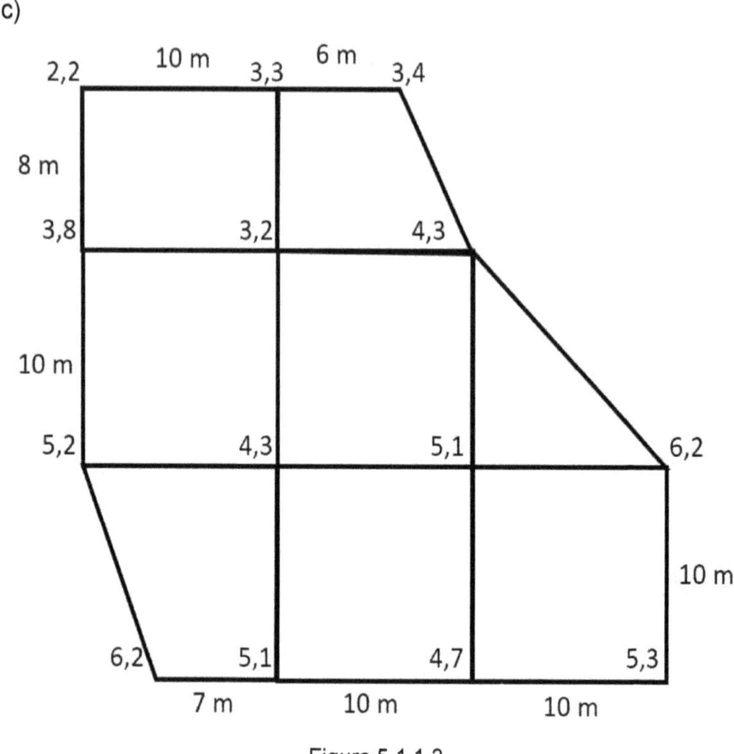

Figura 5.1.1.3.

Resposta: 3.026,70 m³

d)

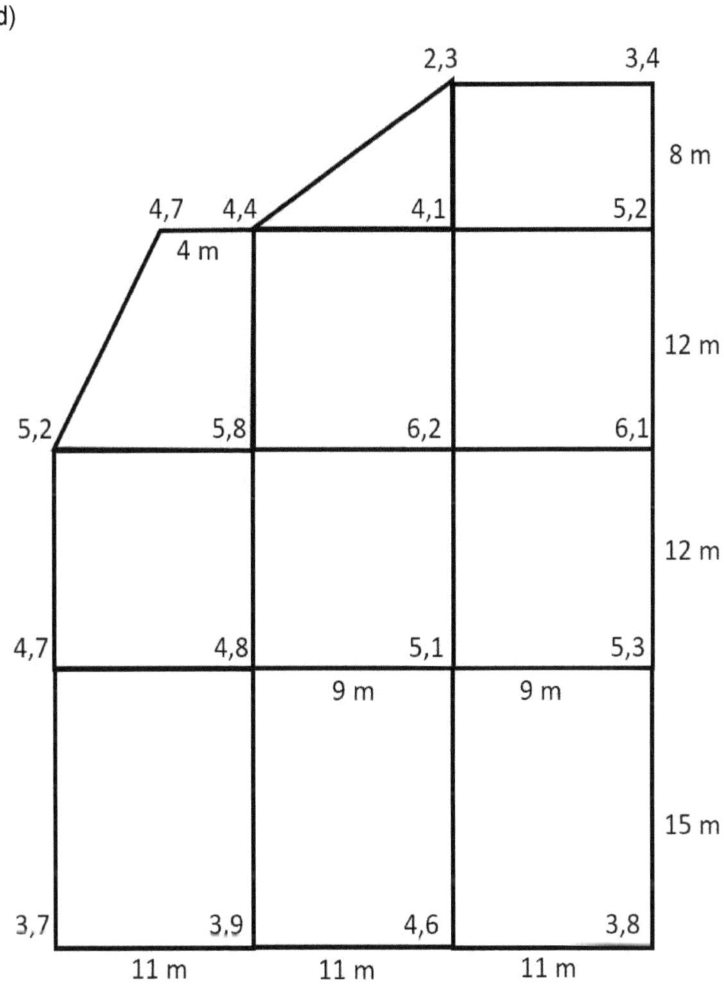

Figura 5.1.1.4.

Resposta: 6.718,13 m³

2. Calcule o volume de corte, aterro e sobra de solo para o projeto de terraplenagem com plano de corte na cota 58,5 m. Desprezar o efeito de empolamento e contração.

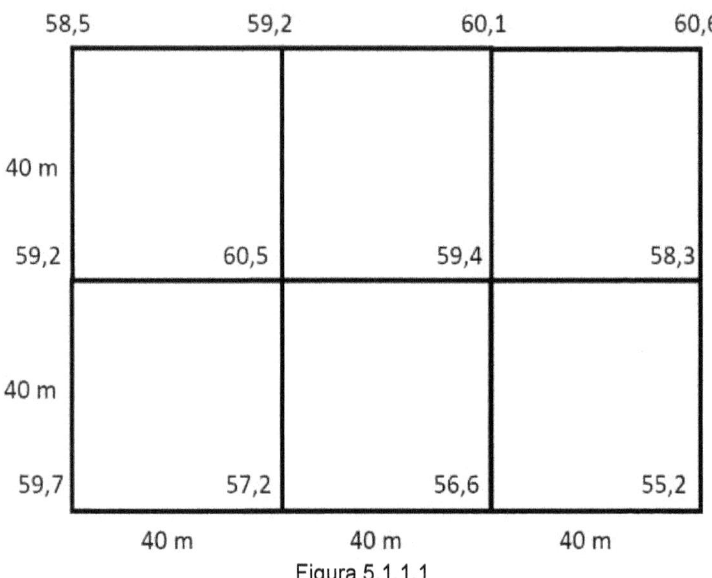

Figura 5.1.1.1.

6. MEMORIAL DESCRITIVO

O levantamento planimétrico com delimitação de um determinado imóvel para serviços judiciais, registro em cartório, cadastro, partilha de bens, entre outros, é seguido do memorial descritivo do imóvel. Este memorial é uma descrição detalhada com textos, tabelas e mapa de localização da área. Sendo composto por certos elementos principais como proprietário, confrontantes, mapa de localização, identificação técnica, poligonal, coordenadas, perímetro e área.

O sistema de coordenadas utilizado é o UTM com o Datum SIRGAS 2000. O qual deve ser devidamente configurado nos equipamentos GNSS utilizados no levantamento e no software topográfico ou de geoprocessamento antes da criação do mapa ou planta topográfica. A configuração consiste na determinação do Datum e da zona UTM antes da criação da poligonal do imóvel.

O texto deve conter as coordenadas dos vértices identificados em código sequencial, azimutes e distância horizontal entre base e vante. Descrevendo ponto por ponto de acordo com a sequência do caminhamento, identificando também os confrontantes ao logo dos limites.

Exemplo: Criação fictícia de um memorial descritivo para caracterização dos limites do imóvel.

MEMORIAL DESCRITIVO

Imóvel: CAMPO
Comarca: XXXXXX
Proprietário: NNNN
UF: XX
Município: XXXX
Código INCRA: 97979797 **Matrícula: 76767676**
Área (m^2): 2267,98
Perímetro: 190,23

Inicia-se a descrição deste perímetro no vértice Pt0, de coordenadas N 9663260,134 m e E 167687,399 m, Datum SIRGAS

2000 com Meridiano Central -57, localizado a nnnnnn, Código INCRA 97979797; deste, segue confrontando com MARIA, com os seguintes azimute plano e distância:98°07'48,37" e 37,552; até o vértice Pt1, de coordenadas N 9663254,818 m e E 167724,610 m; deste, segue confrontando com JOSÉ, com os seguintes azimute plano e distância:177°55'29,91" e 43,139; até o vértice Pt2, de coordenadas N 9663211,665 m e E 167726,173 m; deste, segue confrontando com PEDRO, com os seguintes azimute plano e distância:206°08'48,63" e 19,141; até o vértice Pt3, de coordenadas N 9663194,467 m e E 167717,731 m; deste, segue confrontando com SINCRANO, com os seguintes azimute plano e distância: 277°07'30,06" e 27,710; até o vértice Pt4, de coordenadas N 9663197,907 m e E 167690,213 m; deste, segue confrontando com FULANO, com os seguintes azimute plano e distância: 353°15'35,80" e 34,602; até o vértice Pt5, de coordenadas N 9663232,303 m e E 167686,148 m; deste, segue confrontando com SILVA, com os seguintes azimute plano e distância: 2°34'24,09" e 27,831; até o vértice Pt0, de coordenadas N 9663260,134 m e E 167687,399 m, encerrando esta descrição. Todas as coordenadas aqui descritas estão georrefereciadas ao Sistema Geodésico Brasileiro, a partir da estação RBMC (Rede Brasileira de Monitoramento Continuo) de xxxx de coordenadas E m e N m, localizada em, e encontram-se representadas no sistema UTM, referenciadas ao Meridiano Central -57, tendo como DATUM SIRGAS 2000 .Todos os azimutes e distâncias, área e perímetro foram calculados no plano de projeção UTM.

XXXX, 14/07/2023

____

NNNN NNNN
CREA: XXXX
Código Credenciamento: 09080908 ART: 09080908

Cálculo Analítico de Área, Perímetro, Azimutes, Lados e Coordenadas

IMÓVEL: CAMPO
PROPRIETÁRIO: NNNN
MUNICÍPIO: XXXX

COMARCA: XXXXXX
DATUM: SIRGAS 2000
MERIDIANO CENTRAL: -57
FATOR DE ESCALA: 0,9996
PERÍMETRO: 190,23
ÁREA: 2267,98

Tabela 6.1.

Estação	Vante	Coordenada E	Coordenada N	Az plano	Az real	DH
Pt0	Pt1	167.687,399	9.663.260,134	98°07'48,37"	98°17'20,07"	37,552
Pt1	Pt2	167.724,610	9.663.254,818	177°55'29,91"	178°05'1,61"	43,139
Pt2	Pt3	167.726,173	9.663.211,665	206°08'48,63"	206°18'20,33"	19,141
Pt3	Pt4	167.717,731	9.663.194,467	277°07'30,06"	277°17'1,76"	27,710
Pt4	Pt5	167.690,213	9.663.197,907	353°15'35,80"	353°25'7,50"	34,602
Pt5	Pt0	167.686,148	9.663.232,303	2°34'24,09"	2°43'55,80"	27,831

IMÓVEL: CAMPO
CADASTRO: 87878787
PROPRIETÁRIO: NNNN
ESTADO/UF: XX
MATRÍCULA: 76767676

SISTEMA DE PROJEÇÃO: UTM zone 21S FATOR DE ESCALA: 0.9996
SISTEMA GEODÉSICO DE REFERÊNCIA: SIRGAS 2000

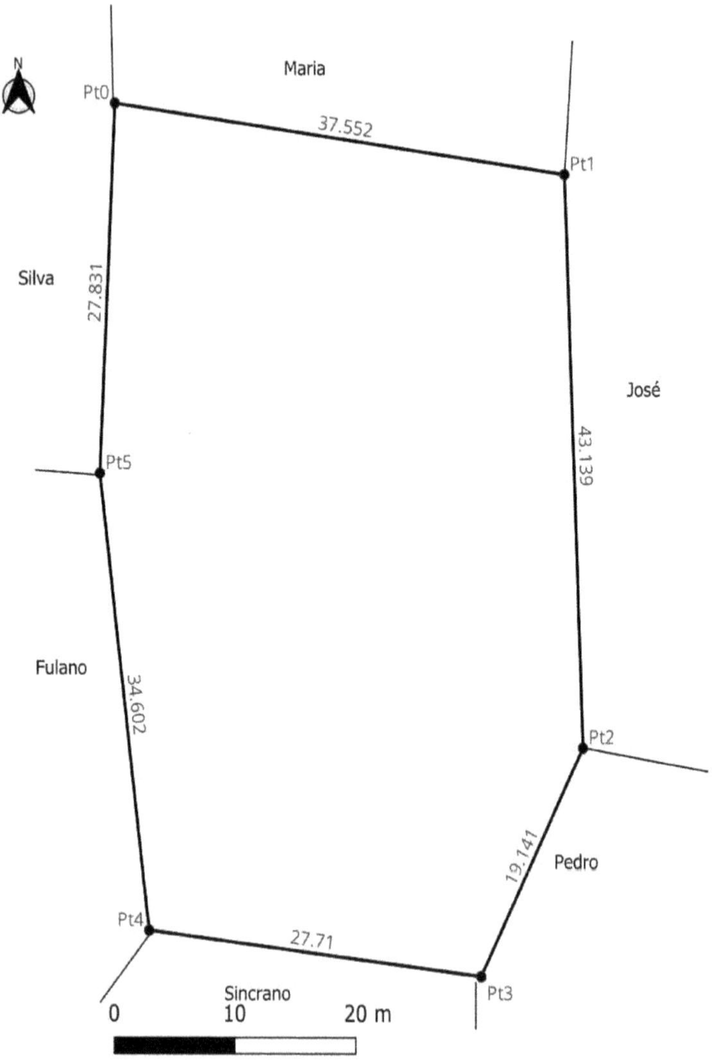

Figura 6.1. Poligonal da área apresentada no memorial descritivo.

REFERÊNCIAS

BOLIGIAN, L.; ALVES, A. Geografia: Espaço e Vivência. Volume único. Atual Editora. São Paulo. 448 p.

BORGES, A.C. Topografia: aplicada a engenharia. 2ª edição. São Paulo: Blucher, 2013.

DIRETORIA DE SERVIÇO GEOGRÁFICO. Região Sul. Carta topográfica. Brasília. Ministério do Exército, 1996. Folha SF.22-Y-D-III-4 (Londrina). Escala 1:50.000.

DRUCK, S.; CARVALHO, M.S.; CÂMARA, G.; MONTEIRO, A.V.M. (eds) "Análise Espacial de Dados Geográficos". Brasília, EMBRAPA, 2004 (ISBN: 85-7383-260-6).

FERREIRA, I. O.; RODRIGUES, D.D.; SANTOS, G.R.; ROSA, L.M.F. IN BATHYMETRIC SURFACES: IDW OR KRIGING?. Bull. Geod. Sci, Articles section, Curitiba, v. 23, n°3, p.493 - 508, Jul - Sept, 2017.

FITZ, Paulo Roberto. Cartografia Básica. São Paulo: Oficina de Textos: 2008. MONICO, J. F. G.

FRANCISCO, Wagner de Cerqueira e. "GPS - Sistema de Posicionamento Global"; Brasil Escola. Disponível em: https://brasilescola.uol.com.br/geografia/gpssistema-posicionamento-global.htm. Acesso em 19 de dezembro de 2021.

IBGE. Introdução a Cartografia / Biblioteca do IBGE. Disponível em https://biblioteca.ibge.gov.br/visualizacao/livros/liv44152_cap2.pdf

Manual GNSS Kronos 200. Métrica Tecnologia. Disponível em: www.metrica.com.br. Acesso em: 04/07/2023.

NBR 13133. Execução de levantamento topográfico. Associação Brasileira de Normas Técnicas.

PENA, Rodolfo F. Alves. "Projeção de Robinson"; Brasil Escola. Disponível em: https://brasilescola.uol.com.br/geografia/projecao-robinson.htm. Acesso em 04 de janeiro de 2022.

PENTAX Industrial Instruments. Electronic Theodolite: instruction manual. Disponível em: http://sistopo.com/Pentax/manual%20pentax%20ETH300-English.pdf. Acesso em: 23/07/2023.

RADAMBRASIL. 1978. FOLHA SA.20 MANAUS. Geologia, geomorfologia, pedologia, vegetação e uso potencial da terra, (Levantamento de Recursos Naturais, 23), pp. Volume 18.

TULER, M; SARAIVA, S. Fundamentos de Topografia. 1ª Edição. Porto Alegre: Bookman, 2014.

www.ingramcontent.com/pod-product-compliance
Ingram Content Group UK Ltd.
Pitfield, Milton Keynes, MK11 3LW, UK
UKHW021957190726
13853UKWH00004B/1585